高等学校应用型人才培养计算机类系列教材

C 语言程序设计

（第二版）

蔺冰　王力洪　等编著

西安电子科技大学出版社

内 容 简 介

本书是一本实用型 C 语言程序设计教程，所讲内容既充分考虑了 C 语言重要语法的全面性，又突出了对学生程序开发实践能力和工程能力的训练。本书共分为 13 章，内容包括 C 语言概述，面向过程的算法设计，数据类型及格式输出，运算符、格式输入与顺序结构程序设计，选择结构程序设计，循环结构程序设计，函数框架及语法，数组使用，结构体和共用体，指针，文件操作，链表，位运算和预处理命令。本书通过大量实例介绍 C 语言，引导读者运用调试手段完善程序设计，让读者逐步加深对程序设计方法的理解，掌握程序的设计与调试，初步了解安全编程。

本书语言通俗易懂，示例丰富，并提供了适量习题和参考答案，以及程序代码、PPT 等资源。

本书可作为高等学校计算机及相关专业的教材，也可供计算机应用开发者自学使用。

图书在版编目(CIP)数据

C 语言程序设计/蔺冰等编著. —2 版. —西安：西安电子科技大学出版社，2021.12
(2022.5 重印)
ISBN 978-7-5606-6084-4

Ⅰ. ①C… Ⅱ. ①蔺… Ⅲ. ①C 语言—程序设计 Ⅳ. ①TP312.8

中国版本图书馆 CIP 数据核字(2021)第 245192 号

策　　划　李惠萍
责任编辑　马晓娟
出版发行　西安电子科技大学出版社(西安市太白南路 2 号)
电　　话　(029)88202421　88201467　　邮　　编　710071
网　　址　www.xduph.com　　　　　　电子邮箱　xdupfxb001@163.com
经　　销　新华书店
印刷单位　陕西天意印务有限责任公司
版　　次　2021 年 12 月第 2 版　　2022 年 5 月第 2 次印刷
开　　本　787 毫米×1092 毫米　1/16　　印　张　16
字　　数　377 千字
印　　数　101～2100 册
定　　价　38.00 元
ISBN 978-7-5606-6084-4/TP

XDUP 6386002-2

如有印装问题可调换

═══ 前　言 ═══

    C 语言程序设计是计算机及相关专业的一门基础程序入门课程。通过该课程的学习，读者可以熟悉计算机编程的基本思想和方法，了解结构化程序的编程方法，编写基于字符模式的应用程序，掌握程序调试方法，学习应用计算机解决和处理实际问题。

    初次接触程序设计的读者普遍有能理解语法却无法下手编写程序的感受，为了让读者更好地掌握 C 语言，本书在编写时使用了大量的程序例题来说明语法的具体用法，读者可在练习这些程序段的同时，充分理解语法的各种用法，再结合习题的训练，达到对 C 语言语法的灵活掌握。

    希望读者边学边练，融会贯通。

    本书由长期从事 C 语言课程教学的一线老师编写，书中蕴含了编者多年的教学实践经验，旨在提高学生的实践动手能力和理论联系实际的能力。本书除了详细介绍 C 语言语法以外，还突出了实例的讲解，并列举了教学过程中学生常犯的错误。

    本书可作为高等学校计算机及相关专业的教材，也可作为计算机应用开发人员的参考书籍。对于计算机及相关专业，本书的参考学时数为 48 学时，另需进行 24 学时左右的上机练习；对于其他专业，可适当压缩内容，讲授 40 学时。

    本书第 1、13 章由刁仁宏编写，第 2～5 章由王力洪编写，第 6～9 章由蔺冰编写，第 10 章由柏世兵编写，第 11、12 章由王燚编写，蔺冰、王力洪负责全书的统稿工作。

    本书在第一版的基础上，增加了强制转换运算符和 sizeof 运算符的相关内容，修订了部分文字错误，并提供了配套电子资源(程序代码、习题参考答案、PPT)，读者可通过扫描二维码或登录出版社网站查阅。

    由于作者水平有限，加上计算机科学技术发展迅速，书中难免有不妥之处，恳请广大读者赐教。

作　者

2021 年 8 月

目　　录

第 1 章 C 语言概述

自然语言是人与人交流的工具，人类的思维可以通过语言来表达。程序设计语言经处理后成为计算机可以识别的机器语言，是人与计算机交流的工具。人们把需要计算机完成的工作告诉计算机，就要用程序设计语言来编写程序，然后让计算机执行程序，从而使计算机完成相应的工作。

1.1 计算机语言

计算机语言分为机器语言、汇编语言和高级程序语言。

机器语言是计算机能够直接识别的二进制代码(为方便阅读，采用十六进制描述)，例如：

```
55
8B EC
83 EC 44
53
56
57
8D 7D BC
B9 11 00 00 00
B8 CC CC CC CC
F3 AB
C7 45 FC 02 00 00 00
8B 45 FC
83 C0 03
89 45 FC
8B 4D FC
51
68 08 70 42 00
E8 FA 06 FF FF
83 C4 08
```

```
33 C0
5F
5E
5B
83 C4 44
3B EC
E8 18 08 FF FF
8B E5
5D
C3
```

编写机器语言时需要查阅相关指令表，将需要执行的指令翻译成十六进制后输入计算机并运行。机器语言难记，难写，难修改，难检查，使用非常困难。

为了较容易地编写程序，可使用简单的助记符号来表达机器指令，这样就产生了汇编语言，例如：

```
push      ebp
mov       ebp,esp
sub       esp,44h
push      ebx
push      esi
push      edi
lea       edi,[ebp-44h]
mov       ecx,11h
mov       eax,0CCCCCCCCh
rep stos  dword ptr [edi]
mov       dword ptr [ebp-4],2
mov       eax,dword ptr [ebp-4]
add       eax,3
mov       dword ptr [ebp-4],eax
mov       ecx,dword ptr [ebp-4]
push      ecx
push      offset string "a=%d, b=%d" (00427008)
call      printf (004010b0)
add       esp,8
xor       eax,eax
pop       edi
pop       esi
pop       ebx
```

```
add        esp,44h
cmp        ebp,esp
call       __chkesp (004011e0)
mov        esp,ebp
pop        ebp
ret
```

汇编语言源程序并不能直接在计算机中运行，需要经过专门的汇编程序将其转换为机器指令后才能运行。

机器语言和汇编语言与硬件密切相关，不能移植。在编写汇编语言时最好对计算机整体工作模式有一定的了解。

高级语言使用自然语言和数学语言来描述，容易编写、维护和修改，例如：

```
#include <stdio.h>
int main(void)
{
  int c;
  c = 2;
  c = c + 3;
  printf("%d\n", c);
  return 0;
}
```

高级语言程序也不能被计算机直接运行，需要通过编译程序把高级语言源程序转换成机器指令后才能执行。高级语言的一条语句往往对应多条机器指令。

1.2 C 语言出现的历史背景

1972 年，贝尔实验室的 Dennis M. Ritchie 在 B 语言的基础上设计出了 C 语言。C 语言既保持了精练、接近硬件的优点，又克服了过于简单、数据无类型等缺点。

1973 年，K. Thompson 和 Dennis M. Ritchie 合作把 UNIX 90%以上的代码用 C 语言改写。

1977 年出现了不依赖于具体 C 语言的编译文本——可移植 C 语言编译程序，使 C 语言移植到其他机器时所需做的工作大大简化，这也推动了 UNIX 操作系统迅速地在各种机器上应用。随着 UNIX 的广泛使用，C 语言也迅速得到了推广。

1.3 C 语言的特点

C 语言之所以能存在和发展，并具有较强的生命力，成为程序员的首选语言之一，是因为它具有不同于其他语言的特点。

(1) C 语言简洁、紧凑，使用方便、灵活。C 语言只有 32 个关键字、9 种控制语句。

(2) C 语言具有丰富的运算符。C 语言的运算符的范围很广泛，共有 34 种运算符。C 语言把括号、赋值、强制类型转换、逗号等都作为运算符处理，从而使 C 语言的运算类型极其丰富，表达式类型多样。

(3) C 语言的数据类型丰富，能实现各种复杂的运算。C 语言的数据类型有整型、实型、字符型、数组类型、指针类型、结构体类型、共用体类型等，能用来实现各种复杂的数据结构(如链表、栈、树等)的运算，尤其是指针类型数据，可使编程更加灵活、多样。

(4) C 语言是完全模块化和结构化的语言。C 语言具有结构化的控制语句(如 if-else 语句、while 语句、do-while 语句、switch 语句、for 语句)，并且可用函数作为程序的模块单位，便于实现程序的模块化。C 语言是良好的结构化语言，符合现代编程风格的要求。

(5) C 语言兼有高级语言和低级语言的特点。C 语言程序也和其他高级语言一样需要通过编译、链接才能得到可执行的目标程序。另外，C 语言可以直接访问物理内存，进行位(bit)操作，并对硬件进行操作，能实现低级汇编语言的大部分功能。

(6) C 语言编写的程序可移植性好。C 语言编写的程序基本上不做修改就能用于各种型号的计算机和各种操作系统。

(7) C 语言生成的目标代码质量高，程序运行效率高。C 语言生成的目标代码其运行效率只比汇编程序低 10%～20%。

1.4   运行 C 程序的步骤

1.4.1   使用 VC++ 6.0 运行 C 程序的步骤

下面通过例 1-1 的源程序，介绍 C 语言程序运行的步骤。

例 1-1   在屏幕上输出"Hello World!"。

程序源代码如下：

```
#include <stdio.h>              //预处理命令，包含头文件 stdio.h
/*
    main 函数也叫主函数、C 语言的入口函数
    C 语言程序执行的唯一起始函数
*/
int main(void)
{                              //函数开始标识

    printf("Hello World!\n");   //调用库函数，在屏幕输出一串字符串
    return 0;
}                              //函数结束标识
```

运行 Microsoft Visual C++ 6.0 后的界面如图 1-1 所示。

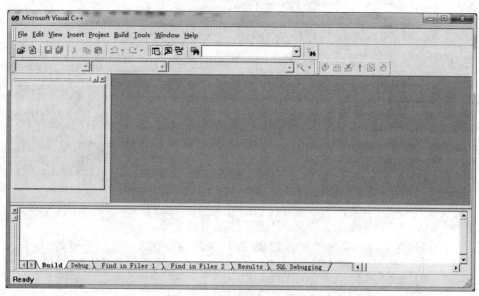

图 1-1　VC++ 6.0 运行界面

打开如图 1-2 所示的菜单栏上的"File"菜单，显示子菜单项如图 1-3 所示。

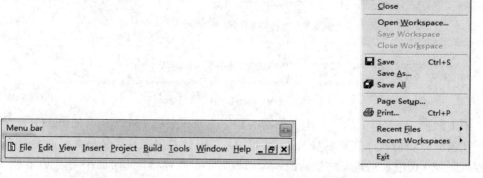

图 1-2　VC++ 6.0 菜单栏　　　　　图 1-3　VC++ 6.0 "File"的子菜单项

　　点击"New..."命令，打开如图 1-4 所示的"New"对话框，选择"Files"选项卡，选择"C++ Source File"选项，在右边的"File"文本框中键入源程序文件名 example01_01.c。其中，example01_01 是文件主名，由编程者自己命名，.c 是扩展名，标识该程序是 C 源程序(需要在文件名后手动添加.c 扩展名，如果不加.c 扩展名，则建立的是面向对象的源程序 .cpp)。点击"Location:"文本框右面的"..."按钮，选择该文件的存盘路径，点击"OK"按钮后，就可以编辑 C 源程序了。

　　由于 VC++ 6.0 默认支持面向对象的程序设计语言 C++，因此必须手动指定建立的是面向过程的 C 源程序。C 源程序可以用任何文本编辑软件进行编辑，也可以在不同的操作系统中运行。在 Windows 操作系统中文件名不区分字母大小写，但在 Linux 系统中要区分字母大小写，即 a.c 和 a.C 在 Windows 系统下是同名文件，而在 Linux 系统下是不同名文件。

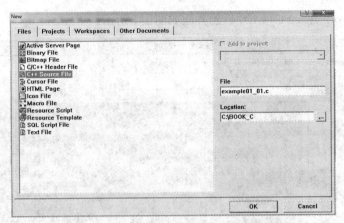

图 1-4　"New" 对话框中的 "Files" 选项卡

在 VC 界面的源程序编辑区中输入代码，如图 1-5 所示。

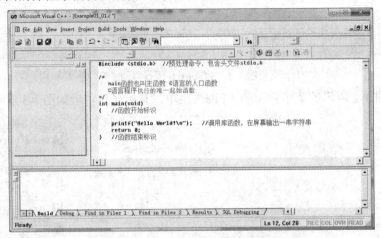

图 1-5　在 VC++ 6.0 中编辑 C 源程序

图 1-5 中，标题栏上除了有正在使用的软件图标和名称 "Microsoft Visual C++" 外，还有正在编辑的 C 源程序文件名 "Example01_01.c"。在 C 程序文件名称后面可能会有一个 "*" 符号，有 "*" 符号表示该文件被修改或编辑过后还没有存盘，此时如果关闭 VC6 软件或 .c 源文件，则会弹出提示框，如图 1-6 所示。如果修改或编辑后存过盘，则不会出现 "*" 符号，并且在关闭软件或文件时不会弹出图 1-6 所示的对话框。

图 1-6　提示保存对话框

单击菜单栏上的 "Build" 菜单，弹出如图 1-7 所示的子菜单项。点击 "Compile Example01_01.c" 命令，会对 Example01_01.c 源程序进行编译，也可点击如图 1-8 所示的 "Build MiniBar" 工具栏中的  按钮进行编译。

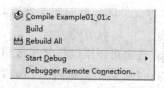

图 1-7 "Build"菜单   图 1-8 "Build MiniBar"工具栏

编译新的 C 源程序会弹出如图 1-9 所示的提示框，询问编程人员是否需要创建一个项目工作区。由于程序必须工作在项目里，所以此处必须点击"是"按钮，否则程序不进行编译操作。

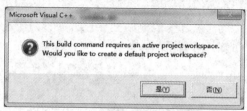

图 1-9 提示创建项目工作区对话框

对于任何一个完整的程序，VC 都需要用项目的方式进行组织。一个项目可以使用多个文件、多个资源等。

编译后，软件下方区域会显示编译的结果，如图 1-10 所示的"0 error(s), 0 warning(s)"，表示编译正确并生成了扩展名为 .obj 的文件(Example01_01.obj)。

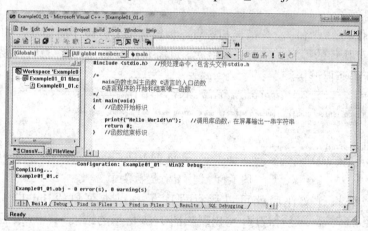

图 1-10 编译成功界面

如果编译结果是如图 1-11 所示的界面，则表示编辑的源代码中有一个错误和一个警告，即在源程序的第 6 行有一个错误——在 return 前缺少";"，在第 6 行有一个警告——"main"必须返回一个值。

```
------Configuration: Example01_01 - Win32 Debug------
Compiling...
Example01_01.c
C:\Book\Example01_01.c(6) : error C2143: syntax error : missing ';' before 'return'
C:\Book\Example01_01.c(6) : warning C4033: 'main' must return a value
Error executing cl.exe.

Example01_01.obj - 1 error(s), 1 warning(s)
```

图 1-11 编译后警告和错误的提示界面

编译后的程序如果有错误是不可能链接生成可执行文件的，此时需要修改 C 源程序后重新进行编译。编译后应该没有错误或警告。

对于警告，可以通过警告描述来判断是否有问题，是否可以继续链接生成可执行文件。只有少部分警告可以不管，如定义的变量没有引用，double 类型数据转为 float 可能会丢失精度等。但初学时最好不要出现任何警告。

创建项目工作区后，"Build"菜单如图 1-12 所示。

编译成功后就可以链接生成可执行文件了。点击菜单"Build"下的"Build Example01_01.exe"命令(或按钮 ），如果没有链接错误就可以生成 Example01_01.exe 可执行文件，如图 1-13 所示。

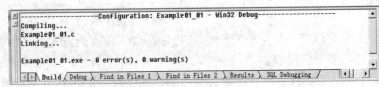

图 1-12　有项目工作区的
　　　　　"Build"菜单

图 1-13　链接成功提示界面

若程序源代码在编译时没有错误和警告，但链接的时候提示有错误，如图 1-14 所示，则也无法生成可执行的程序。对于链接错误，也需要修改 C 源程序(有时需要修改项目工作区环境)后重新编译再链接。

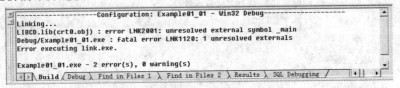

图 1-14　链接错误提示界面

链接生成可执行文件后就可以运行程序了。点击菜单"Build"下的"Execute Example01_01.exe"命令运行程序，将出现如图 1-15 所示的结果。其中，最后一行(Press any key to continue)是 VC++ 6.0 软件添加上的内容，不是程序的运行结果，该行之前的内容是程序的运行结果。

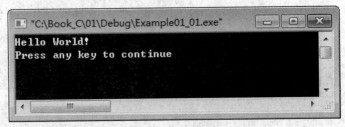

图 1-15　VC++ 6.0 运行程序结果

至此，开发一个 C 语言程序的方法就基本讲完了，但实际上要完成一个项目还要做很多工作。比如，程序所需功能实现了没有，这些工作都需要针对程序要求和结果进行程序测试。

比如，给定程序要求：从键盘输入一个数 n，计算这个数的阶乘 n! 并输出。

如果程序的运行结果是 3! = 6，仅仅说明这个数据运算是正确的，并不表示程序一定完全正确。如果输入值是一个负数，程序会得到什么结果？如果输入比较大的数 20，程序是不是运行正确？

对于输入的测试数据，如果程序运行错误，则必须修改源代码，然后编译、链接、运行并查看结果，直到测试数据都运行正确。

由于数据类型匹配和精度等问题，并不是用户输入的任意数据都能被程序很好地处理，所以要先保证用户输入的是某些范围(如整数、实数、字符)的数据时程序能正确处理，随后不断扩大用户可输入数据的范围，直到用户输入任意数据(任意符号)程序都可以正确处理。

开发一个完整的 C 语言程序的流程如图 1-16 所示。

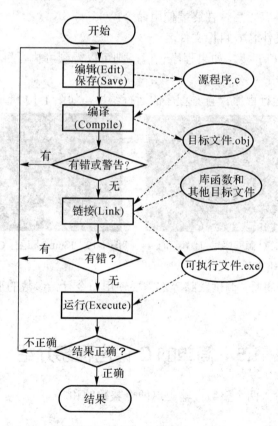

图 1-16　开发一个 C 语言程序的流程

开发一个 C 语言程序，首先要针对问题进行源程序的编辑并存盘，保存成扩展名为 .c 的文件(.c 源程序文件是一个文本文件，可以使用任意文本编辑器进行编辑)。然后对 .c 源程序文件进行编译，编译正确后编译器会生成扩展名为 .obj 的二进制目标文件(一个 .c 源程序会对应生成一个 .obj 目标文件)。最后，链接将 .obj 文件和库函数及其他目标文件生成一个扩展名为 .exe 的可执行文件(多源程序文件会有多个 .obj 文件)。程序链接成功后，还要运行测试，如果测试结果不正确(或者没有达到目的)，还需要修改源程序，重新进行编译和链接。

1.4.2 使用 GCC 运行 C 程序的步骤

使用 vi 命令编辑器编写 C 源程序并存盘，如图 1-17 所示。

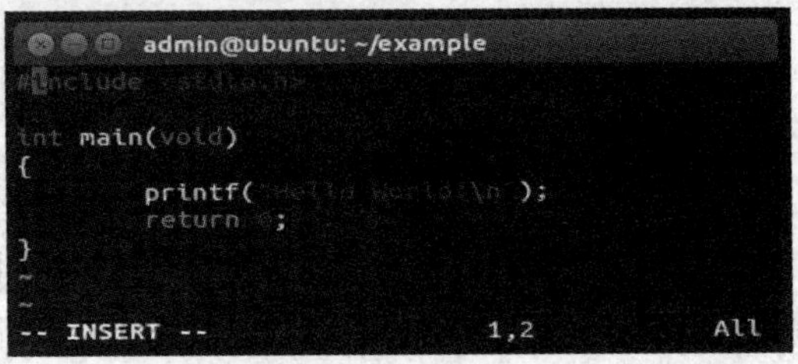

图 1-17 用 vi 编辑器编辑 C 源程序界面

源程序编辑完成并存盘后，在终端使用命令：

gcc 源程序文件名-o 目标文件名

对 C 源程序进行编译和链接，如果程序正确，则可以得到可执行目标文件名，如图 1-18 所示。

在终端使用命令运行程序，查看程序的运行结果，如图 1-19 所示。

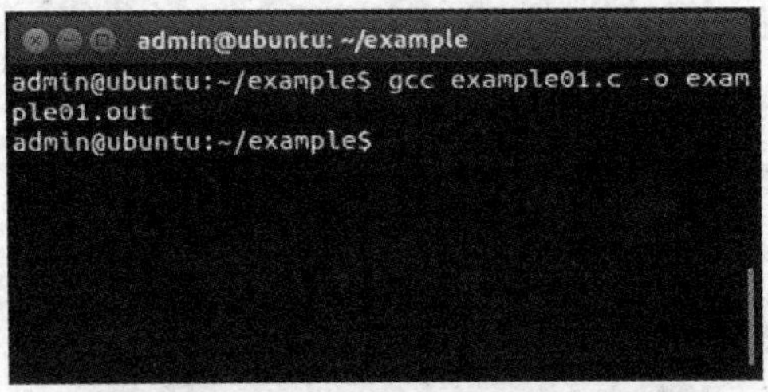

图 1-18 Linux 下对 C 源程序进行编译和　　　　图 1-19 Linux 下运行 C 程序的终端界面

链接的终端界面

使用 GCC 调试程序时，调试跟踪等都需要使用命令行带参数的形式，这里就不一一介绍了。

1.5 简单的 C 语言程序介绍

例 1-2 从键盘输入两个整数，输出这两个整数的和。

程序代码如下：

```c
#include <stdio.h>

int main(void)
{
    int number1, number2, sum;
    printf("Input two number:");
```

```
        scanf("%d%d", &number1, &number2);
        sum = number1 + number2;
        printf("sum = %d\n", sum);
        return 0;
    }
```

程序运行后，等待用户输入，用户输入两个数后，程序会输出这两个数的和。运行结果如图 1-20 所示。

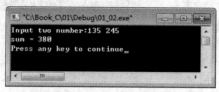

图 1-20　例 1-2 程序运行结果

例 1-3　绘制图形。程序代码如下：

```
#include <graphics.h>
#include <stdio.h>
#include <conio.h>

int main(void)
{
    initgraph(400, 400);         //初始化为图形模式，窗口大小为 400 * 400
    circle(200, 200, 75);        //以(200,200)为圆心，绘制半径为 75 的圆
    circle(200, 225, 25);
    circle(190, 225, 5);
    circle(210, 225, 5);
    circle(175, 175, 15);
    circle(225, 175, 15);
    circle(140, 135, 30);
    circle(260, 135, 30);
    getch();
    closegraph();                //关闭图形模式
    return 0;
}
```

VC 在 C++ 中专门有一套用于绘制图形的方法库。在这里，笔者选用 EasyX 图形工具包来绘制图形。EasyX 可登录出版社网站下载。由于该工具包需要使用 C++ 面向对象的一些特性，因此文件命名时后缀应为 .cpp。

在编译程序前，需要对环境进行配置。打开"Tools"菜单，如图 1-21 所示。执行"Options..."命令后，会打开"Options"对话框，选择"Directories"选项卡，如图 1-22 所示。

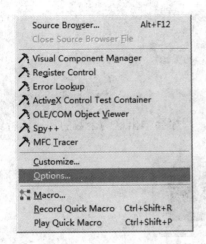

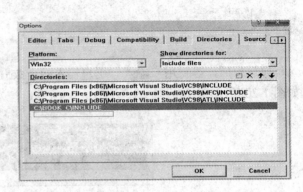

图 1-21 "Tools" 菜单   图 1-22 "Options" 对话框中的 "Directories" 选项卡

在 "Show directories for:" 下拉列表中选择 "Include files" 表项,如图 1-23 所示。此时点击 "Directories:" 列表框最后一行的虚框,选中待其变蓝后再单击,就可以添加 EasyX 图形工具包中 graphics.h 的路径。也可以点击工具栏中新添加路径按钮 来添加路径。添加完成后,会将新添加的路径显示在 "Directories:" 列表框中,如图 1-22 所示。

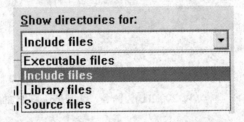

图 1-23 "Show directories for:" 下拉列表

在 "Show directories for:" 下拉列表中选择 "Library files" 表项,添加 easyxa.lib 所在路径,如图 1-24 所示。

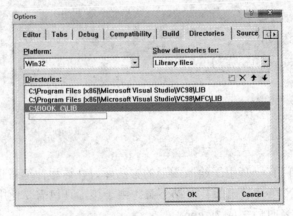

图 1-24 添加 lib 库文件路径界面

配置完成后,编译、链接并运行程序,运行结果如图 1-25 所示。

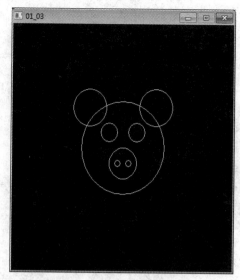

图 1-25   例 1-3 程序运行结果

图 1-25 所示窗口对应的坐标系如图 1-26 所示。

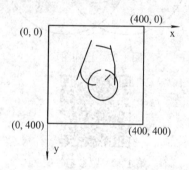

图 1-26   图形窗口坐标系

C 语言程序运行结果的显示分为两种情况：第一种是字符模式显示，即所有信息均以字符为单位来显示；第二种是图形模式显示。后续章节均采用标准字符模式显示结果。

通过以上几个示例可以看出 C 语言程序具有以下特点：

(1) C 语言程序有且仅有一个主函数(main 函数)，该函数是 C 语言定义的入口函数(程序从入口函数开始执行，最后也结束在该函数)。

(2) C 语言本身没有输入/输出命令，依靠调用已有的库函数来实现输入/输出，并需要附加实现输入/输出库函数的头文件。

(3) C 语言可以使用 "/*" "*/" 多行注释符，也可以使用 "//" 单行注释符(只注释 "//" 符号后面的文字)。

(4) 主函数的函数格式如下：

```
int main(void)        //函数首部
{                     //函数开始大括号
    定义变量;
    执行代码;
```

```
        return 0;
}                          //函数结束大括号
```

习　题

1.1　参照例 1-1 输出如下信息。

————————————————————

This is my first C Program.

~~~~~~~~~~~~~~~~~~~~~~~~~~~~~~~~~~~~~~

1.2　参照例 1-3 绘制如图 1-27 所示的图形。

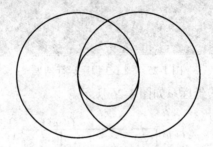

图 1-27　已知图形

第 1 章习题参考答案

第2章 面向过程的算法设计

2.1 算法的概念

算法是指通过一定的流程，将初期的数据(或已有的数据)进行处理变换，得到自己期望的结果数据的过程。数学中的算法是比较容易理解和处理的，如输入一元二次方程的系数 a、b、c，计算该一元二次方程的根，该算法是从键盘输入 3 个系数，然后通过数学公式计算两个根，最后输出结果。算法就是输入的原始数据与输出的结果数据之间的一个桥梁，简单的算法可能就是一个公式，复杂的算法可能是一系列公式处理和展示的过程。

处理的数据不仅仅是数字，还可以是文字、图形、图像、声音等。数字可以进行数学运算，文字可以用来查找匹配，图形、图像、声音可以变化、调整及播放。

2.2 面向过程算法采用的结构及传统流程图

2.2.1 顺序结构

顺序结构即指先完成什么，后完成什么的过程。在解题的时候总是有先后步骤的，如计算输入的两个数的和并输出，必须先从键盘获取两个数，然后对这两个数进行求和运算，最后输出和运算的结果。顺序结构的流程图如图 2-1 所示。

每个处理框都有一个入口和一个出口(程序有始有终)。对于多个顺序处理框，可以看作一个处理框(这个处理框也只有一个入口和一个出口)，如图 2-2 所示。

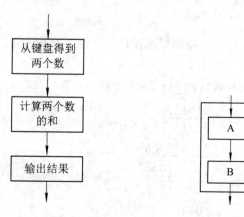

图 2-1 顺序结构的流程图   图 2-2 顺序结构复合处理框

2.2.2　选择结构

选择结构用于对程序流程的不同情况进行不同处理。例如，计算一元二次方程的根，由于程序不能计算 $\sqrt{-1}$，所以必须先计算 b^2-4ac 的值，然后判断该值是大于等于 0，还是小于 0，再进行后续计算。选择结构的流程图如图 2-3 所示。

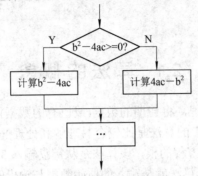

图 2-3　选择结构的流程图

流程图中，">=" 是大于等于比较运算符，"$b^2-4ac>=0?$" 表示判断 b^2-4ac 的计算结果是否大于等于 0，"Y" 和 "N" 表示判断为真(Yes)和假(No)。一个标准的选择结构中，判断条件为真会进行某项事情处理，判断条件为假会进行另外的事情处理。一个选择结构也可以看成一个处理框(该处理框也只有一个入口和一个出口)，如图 2-4 所示。

选择结构也可以在判断条件为真时进行某些操作，为假时什么也不做，如图 2-5 所示。

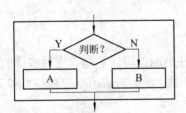

图 2-4　选择结构复合处理框

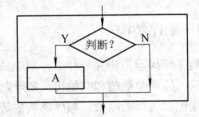

图 2-5　变形选择结构复合处理框

2.2.3　循环结构

循环结构指多次重复执行相近或相似的操作，直到某个条件满足(或者某个条件不满足)后就停止进行该操作。比如，计算 7!。

$$7!=\boxed{1}\times\boxed{2}\times 3\times 4\times 5\times 6\times 7$$
$$=\boxed{2}\times\boxed{3}\times 4\times 5\times 6\times 7$$
$$=\boxed{6}\times\boxed{4}\times 5\times 6\times 7$$
$$=\boxed{24}\times\boxed{5}\times 6\times 7$$
$$=\boxed{120}\times\boxed{6}\times 7$$
$$=\boxed{720}\times\boxed{7}$$
$$=\boxed{5040}$$

可以看到，框里的数值有一定的变化规律，每一行中前一个是被乘数不断累乘获得的结果，后一个是乘数并且不断增加 1。循环结构的流程图如图 2-6 所示。

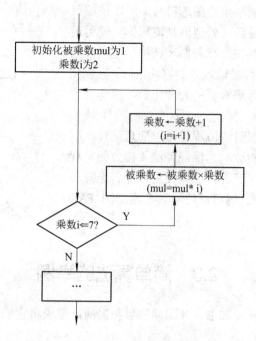

图 2-6　循环结构的流程图

流程图中，"被乘数←被乘数×乘数"表示取出被乘数数据和乘数数据并计算它们的乘积，然后将结果作为新的被乘数，用程序语言表示为"mul=mul*i"，意思是将变量 mul 的值乘以变量 i 的值再保存为变量 mul；"="为赋值运算符，功能是将等号右边的计算结果赋给等号左边的变量。

循环结构就是进行条件判断，如果条件为真就执行循环体 A，否则退出循环。执行循环体 A 后，还会再次判断条件，若是真则再次执行循环体。所以循环结构没有写好，会出现"死循环"现象(程序不会自动终止)。一个循环结构也可以看作一个处理框(该处理框只有一个入口和一个出口)，如图 2-7 所示。

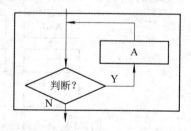

图 2-7　循环结构复合处理框

在该复合处理框中，A 处理框可以是简单的一个处理，也可以是顺序结构、选择结构和循环结构。

2.2.4　传统流程图

传统流程图就是采用一些基本的图形符号来描述程序算法的图形。传统流程图中可使用如图 2-8 所示的图形及符号。

起止框是程序开始或结束的图形符号，所以该框只能出现在程序最开始和最后。处理框是流程图里使用最频繁的图形符号。判断框在选择和循环结构中使用。输入/输出图形符号用在有数据输入及数据输出时。流程线标识着该算法的走向，标识着哪些处理先做，哪些处理后做。

由于使用传统流程图时，流程线可以随意跳转，因此绘制出的流程图难以阅读。为保证算法阅读方便，程序清晰并符合过程化程序流程，应该使用顺序、选择和循环结构框图绘制流程图，也可以使用 N-S 流程图、PAD 图等。

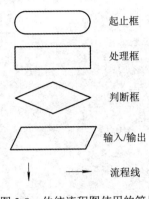

图 2-8 传统流程图使用的符号

2.3 简单算法的举例

例 2-1 有两个瓶子 A 和 B，分别盛放醋和酱油，要求将它们互换(即 A 瓶原来盛醋，现改盛酱油，B 瓶则相反)。

生活中处理该问题时需要第三个空容器 C，先将 A 中的醋倒入 C 中，再将 B 中的酱油倒入 A 中，之后将 C 中的醋倒入 B 中。该问题和计算机两个内存变量之间交换数据相类似。传统流程图如图 2-9 所示。其中，"A = 数值 1"表示将第 1 个数存放到 A 变量里面；"C = A"表示将 A 的值存放到 C 变量里，该操作使代码中 A 是数值 1，C 也是数值 1，相当于复制了一份数据。

如果将中间交换的处理过程改为如图 2-10 所示的过程，结果会怎样，请读者自己思考。

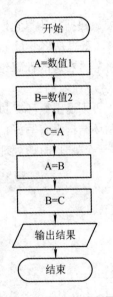

图 2-9 两数交换流程图

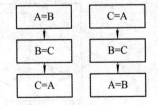

图 2-10 不合理的顺序结构流程图

例 2-2 计算并输出 7!。

其流程图如图 2-11 所示。

流程图中的"<="是小于等于比较运算符，"i<=7？"表示比较 i 是否小于等于 7。用于比较的运算符还有">="(大于等于运算符)、"<"(小于运算符)、">"(大于运算符)、"=="(等于运算符)、"!="(不等于运算符)。判断框"i<=7？"，如果条件成立则流程走向分支"Y"(Yes)，条件不成立则流程走向分支"N"(No)。算法可以有差异或不同，但功能一定要正

确。图示中两种算法一个是从小往大算，另一个是从大往小算。

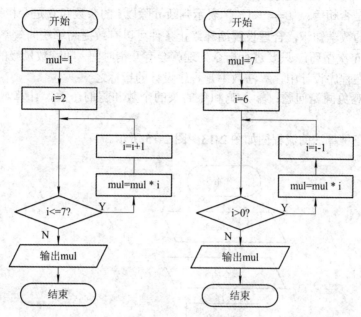

图 2-11　计算 7!的流程图

例 2-3　判断一个输入的数是不是素数。

素数即质数，是只能被 1 和自身整除的数。其流程图如图 2-12 所示。

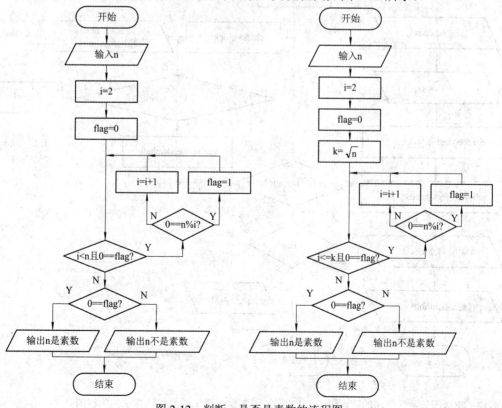

图 2-12　判断 n 是否是素数的流程图

流程图中,"%"是求余运算符,"n%i"表示计算 n 除以 i 的余数;"0==flag?"表示比较 0 和 flag 是否相等;"0==n%i?"表示判断 n 除以 i 的余数和 0 是否相等。

通过已有的数学知识,合理设置循环终止条件可以有效提高算法的效率(对于素数 n,可以少做 $n-\sqrt{n}$ 次循环)。只要进行指令处理就会有开销时间,随着数量级的增大,开销时间也会变长。在程序设计中,算法效率是程序设计的指标之一。

例 2-4 鸡兔同笼问题:输入鸡和兔的头的个数和腿的个数,计算鸡有几只,兔有几只。

鸡兔同笼三种算法的流程图如图 2-13~图 2-15 所示。

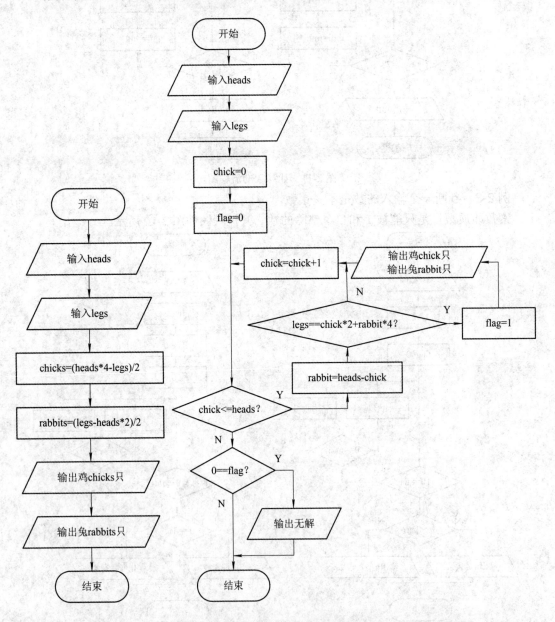

图 2-13 鸡兔同笼数学算法的流程图　　　图 2-14 鸡兔同笼循环算法的流程图

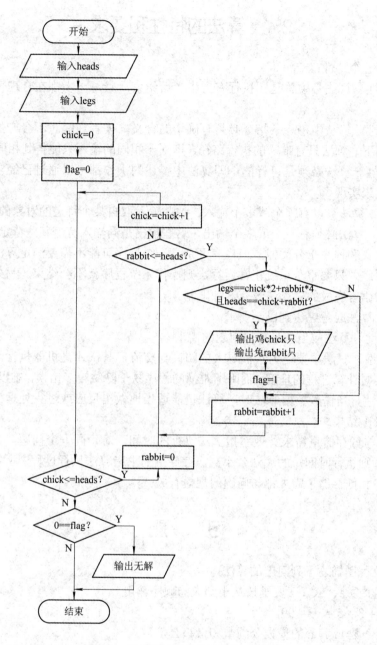

图 2-15 鸡兔同笼穷举算法的流程图

第一种算法是用数学方法直接计算得出结果，但该方法是数学范畴，如果输入的头和腿不正确(无解)也可以得到数据。第二种是循环算法，鸡的个数从 0 循环到最多，在循环内计算兔的个数并判断鸡和兔腿的总和是否正确，若正确则输出该答案，若输入的数据不正确(无解)则由标志 flag 的状态输出无解。第三种算法也叫穷举法，就是将鸡和兔的个数的所有情况全部循环一遍(即鸡 0 只兔 0 只，鸡 0 只兔 1 只……)，然后判断是否有头和腿都符合的情况。穷举算法的效率虽然较低，但适用于没有什么特殊算法的情况。

2.4　算法的特性和要求

算法具有五个特性：

(1) 有穷性。算法必须总是在执行有穷步之后结束，且每一步都在合理可接受的时间内完成。

(2) 确定性。算法中每一条指令必须有确切的含义，读者理解时不会产生二义性，并且在任何条件下，算法只有唯一的执行路径，即对于相同的输入只能得到相同的输出。

(3) 可行性。算法必须是可行的，即算法中描述的操作都可以通过已经实现的基本运算执行有限次来实现。

(4) 输入。算法可以有零个或多个输入，这些输入取自某个特定的对象的集合。

(5) 输出。算法必须有一个或多个输出，这些输出是同输入有着某些特定关系的量。

算法的含义和程序十分类似，但也有区别。一个程序可能不需要满足算法有穷性的特点，如操作系统，只要整个系统正常运行，则操作系统程序就不会结束。另外，程序是用机器可执行的语言完成的，算法没有这种限制。

一个好的算法应考虑达到以下要求：

(1) 正确性。算法应当满足具体问题的需求。

(2) 可读性。算法主要是为了满足人的阅读与交流，其次才是机器执行。可读性好的程序有助于人对计算过程的理解；而晦涩难懂的程序易于隐藏较多错误，难以调试和修改。

(3) 健壮性。当输入数据非法时，算法也能适当地做出反应或进行处理，而不会产生莫名其妙的输出结果。

(4) 效率与低存储量需求。效率指算法执行的时间。对于同一个问题，如果有多个算法可以解决，则执行时间短的算法效率高。存储量需求指算法执行过程中所需要的最大存储空间。效率和低存储量需求都与问题的规模有关。

习　　题

用传统流程图描述下列问题的算法。

(1) 有 3 个数 a、b、c，要求按从小到大的顺序输出。

(2) 求 $1 + 3 + 5 + \cdots + 99$。

(3) 求两个数 m 和 n 的最大公约数和最小公倍数。

(4) 《孙子算经》中有这样一道算术题："今有物不知其数，三三数之剩二，五五数之剩三，七七数之剩二，问物几何？"就是说：一个数除以 3 余 2，除以 5 余 3，除以 7 余 2，求这个数。

第 2 章习题参考答案

第3章 数据类型及格式输出

3.1　C 语言的数据类型

C 语言将数据分为整型、短整型、长整型、字符型、单精度型、双精度型、数组类型、结构体类型、指针类型等，如图 3-1 所示。

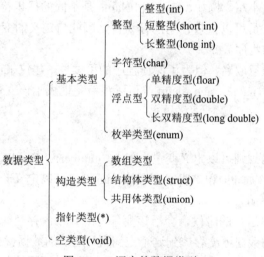

图 3-1　C 语言的数据类型

在程序执行过程中，将要处理的信息转换成数据进行处理。对于复杂的信息，通常会采用结构体类型数据进行存放和处理。

3.2　常量与变量

3.2.1　常量

常量是按数据类型区分的。整型常量如 3、−10 等，浮点型常量如 3.5、.238、0.、1e1 等，字符型常量如'A'、'+'、' '(空格)等，字符串常量如"abc"、"+-*/"、""(空串，什么字符都没有)等。字符型常量需要使用一对单引号标识该字符，并且单引号中有且仅有一个字符才是字符常量。字符串常量需要使用一对双引号标识该字符串，双引号中的字符个数大于等于 0 个。

3.2.2 标识符

标识符就是用来表示程序中需要使用的各种自定义的名称，如变量的名称、函数的名称等。main 是由 C 语言规定的函数入口标识名。

标识符命名规则有以下几点：

(1) 只能由大小写英文字母、数字和下划线组成；

(2) 首字符只能是英文字母或下划线(不能是数字)；

(3) 不能使用同名的标识符标识多个对象(比如有个变量是 sum，另外还有一个函数名称也是 sum)；

(4) 不能使用 C 语言预留的关键字。

合法的标识符如 cnt、x1、_node3。

不合法的标识符如 if、1x1、y-1。

标识符严格区分大小写。例如，name 和 Name 是不同的标识符。由于系统库函数是已经定义好的，是编程人员可以直接使用的标识符，因此自定义的变量或函数名也不能与库函数同名，否则会导致程序异常。

标识符虽然可以随意取名，但为了保证程序的可读性，建议采用英文单词(或英文单词缩写)进行命名。例如，name、age、sum 等可以很清楚地表示该变量用于存放什么数据。

3.2.3 变量的定义

按照标识符的命名规则可以定义变量，如 int number;、double average;、char sex;等，使用定义变量的关键字(如 int)和声明字符串(如 number)可以定义一个变量，变量的名称就是声明字符串(如 number)。

定义的变量在程序运行的时候，会给该变量分配一个内存空间，可以在这个空间里面存放数据。如果有新的数据再度存放到这个空间里，之前的数据就会被覆盖(由于内存是电信号，前一时间的高低电位决定已经存在的数据，后一时间新的数据就会修改前一时间的高低电位，导致之前的数据消失，因而只保存后一时间的新数据)。

C 语言要求对所用到的变量进行定义，即"先定义，后使用"。凡未事先定义的变量不能作为变量名，这样便于检查变量拼写错误。定义的变量确定了数据类型，在使用时可以检查是否正确使用了该类型的操作。

大部分编译器在定义了变量后，并没有给该变量确定的值，即变量值不确定，内存里面是什么数据就是什么，使用 VC6.0 编译运行时变量默认是 11001100，为一字节的数据。

3.2.4 内存内容和内存地址

每个变量都会占用内存，系统为每个内存字节都编了号，这个号码就是内存地址。在程序运行时，定义的变量会与特定内存地址关联起来。在引用变量时就是引用那个内存地址里面的内容。就如同教室编号 1101 就是一个地址，但 1101 也是一个数据(特殊的数据，不再是数值一千一百零一)。在这个地址里面的才是内容(教师和学生，可能是你真正要处理的数据)。定义的变量就是该内存空间的名字，既可以使用内存里面的数据，也可以把数据填入内存里面，如图 3-2 所示。使用 & 地址运算符可以获得当前变量使用的内存空间的地址值。

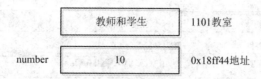

图 3-2 变量内容和地址的关系

在 VC6.0 环境中，每个字节的内存地址都编了一个号。对于一个占 4 个字节的数据而言，有 4 个内存地址都被该数据占用了。

在编译、链接后，可以使用"F10"功能键对程序进行单步调试跟踪，也可以使用 Debug 工具栏里面的  按钮，如图 3-3 所示。

开始调试跟踪后，Debug 工具栏里变成彩色部分的按钮就可以使用了，如图 3-4 所示。

图 3-3 "Debug"工具栏　　　　　　　图 3-4 调试程序过程中的"Debug"工具栏

调试过程中，VC6.0 界面如图 3-5 所示。

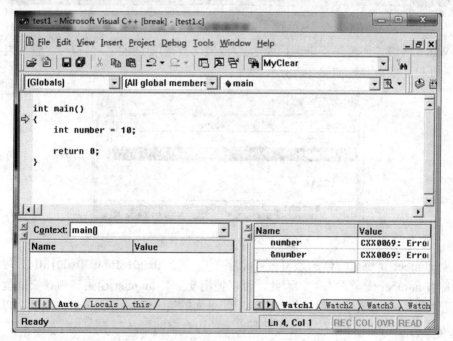

图 3-5 调试 C 源程序过程中的 VC6.0 界面

图 3-5 中，箭头表示将要执行的语句或代码(还未执行)。由于"F10"是按行进行调试跟踪的，所以写在同一行的多条语句会一次全部执行完成。

开始调试跟踪后，按"F10"键单步调试若干次，到希望的若干代码执行之后，可以在右下方的 Watch 区域键入想观察的变量、表达式等。如图 3-6 所示，在 Watch 区域可以看到 number 变量里面的值、number 变量使用的内存地址值等。

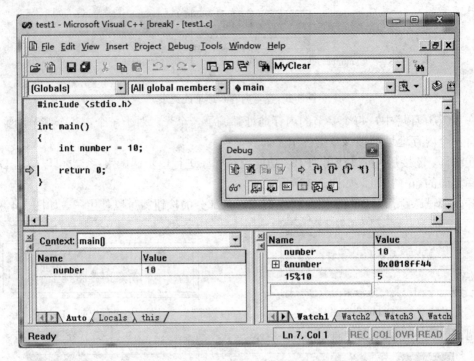

图 3-6 单步调试界面

在 Watch 区域，还可以点击地址表达式(或地址数据)前面的"+"符号，使其展开，以观察该地址里面的内容，如图 3-7 所示。

图 3-7 "Watch" 区域界面

如果 number 是整型(VC 的整型占 4 个字节)，那么 0x0018ff44～0x0018ff47 共 4 个内存地址都被 number 变量占用了。因此，可以使用变量名 number 引用该内存空间里面的数据，也可以用"="赋值运算符修改该内存空间里面的值。例如，number = 30;就可以将"="符号右边计算出来的值存放在左边变量所表示的内存空间里。

在定义变量时，可以对变量进行初始化。变量初始化就是在定义变量的同时给变量赋值。格式如下：

    int number = 10;

该初始化过程实际是将定义变量和赋值语句写在一行中表示。

3.2.5 printf 函数格式输出

C 语言没有提供输入/输出语句，需要使用库函数来进行输入与输出。其中，最常用的输出函数是将字符、数值等信息显示在屏幕上的 printf 格式输出函数(print format)。使用 printf 库函数需要添加头文件 stdio.h(文件主名是 Standard Input/Output 的缩写，扩展名是 Head 的缩写)。每种程序语言都有自己的输入/输出方法。

printf 函数语句的调用语法格式如下：

  printf("格式字符串", 参数表);

其中，格式字符串分为以下三种情况：

第一种情况是普通字符，格式字符串中的普通字符会原封不动地在屏幕上显示。例如，printf("Hello World!");在屏幕上显示相同的字符串。

第二种情况是格式控制字符，使用字符 "%" 为格式输出引导标识，在该标识符后面跟字符(或字符串)来描述数据类型，此时需要有参数表。参数是变量名或表达式。例如，printf("%d", number);在屏幕上显示 number 变量里面的值。

第三种情况是普通字符和格式控制字符混用。例如，printf("number=%d", number);在屏幕上显示 number=123(设 number 里面的值是 123)。

例 3-1 格式输出。

程序代码如下：

```
#include <stdio.h>
int main(void)
{
    int c, d;
    c=5; d=6;
    printf("a=%d, b=%d", d, c);
    return 0;
}
```

程序运行结果如图 3-8 所示。

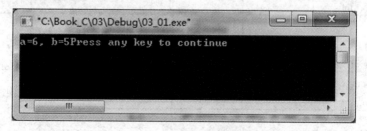

图 3-8 例 3-1 程序运行结果

此时屏幕显示 a=6, b=5。由此可见，printf 的处理是：格式字符串中若有普通字符，则原样输出；若有格式控制字符，则会查找相应参数列表，然后一一对应输出。

在使用 printf 时需要注意%后面的字符与数据类型要对应，否则看到的结果就不正确。

3.3～3.5 小节将按数据类型介绍 printf 的格式控制字符。输出的结果最终是给使用程序的用户看的。如果是自己调试程序，则对输出可以不做过多的要求。但如果是开发程序给用户使用，则需要设计、显示人机交互界面(Interface)。

3.3　整型数据

3.3.1　整型常量

整型常量就是数学中的十进制整数，如 13、-5 等。在 C 语言源程序中还可以使用 064 或 0x64 格式的整数。其中，用 0 开头的数据是指八进制的数据(进制换算详见附录 E)，如 064 表示十进制的 52。用 0x 开头的数据是指十六进制的数据，如 0x64 表示十进制的 100。在某些编译器中整型与长整型宽度不同，默认的十、八、十六进制均为 int 类型。为了让整数是长整型，可以使用 13L 来表示；如果希望是无符号长整型，则可以使用 13LU 来表示。

3.3.2　整型变量

默认的整型变量是由关键字 int 定义的。还可以定义无符号整型(使用两个关键字 unsigned int)、长整型(long)、短整型(short)等。

各种整型类型数据在 VC 环境中占的字节数如表 3-1 所示。

表 3-1　整型类型数据

类型	字节数	bit(位)	取值范围
int signed int	4	32	$-2\ 147\ 483\ 648 \sim 2\ 147\ 483\ 647$，即 $-2^{31} \sim 2^{31}-1$
unsigned unsigned int	4	32	$0 \sim 4\ 294\ 967\ 295$，即 $0 \sim 2^{32}-1$
short short int signed short int	2	16	$-32\ 768 \sim 32\ 767$，即 $-2^{15} \sim 2^{15}-1$
unsigned short unsigned short int	2	16	$0 \sim 65\ 535$，即 $0 \sim 2^{16}-1$
long long int signed long int	4	32	$-2\ 147\ 483\ 648 \sim 2\ 147\ 483\ 647$，即 $-2^{31} \sim 2^{31}-1$
unsigned long unsigned long int	4	32	$0 \sim 4\ 294\ 967\ 295$，即 $0 \sim 2^{32}-1$

3.3.3　整型格式输出

各种整型类型数据输出使用格式字符的规定如下：

(1) int 整数输出为十进制时使用格式字符 d 或 i，如 printf("%d", 123)。

(2) int 整数输出为八进制时使用格式字符 o 或 O。

(3) int 整数输出为十六进制时使用格式字符 x 或 X，其中 a～f 字符使用格式字符 x 输出为小写，使用格式字符 X 输出为大写。

(4) unsigned int 输出使用格式字符 u。

(5) long int 输出使用格式字符串 ld。

(6) unsigned long int 输出使用格式字符串 lu。

例 3-2　整型数据的应用之一。

```
#include <stdio.h>
int main(void)
{
    int num1, num2, num3, num4;
    num1 = 64;
    num2 = 064;
    num3 = 0x64;
    num4 = 63;
    printf("%d,%d,%d\n", num1, num2, num3);
    printf("%d,%o,%x,%X\n", num4, num4, num4, num4);
    return 0;
}
```

程序运行结果如图 3-9 所示。

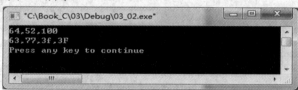

图 3-9　例 3-2 程序运行结果

从例 3-2 的输出可以看到，代码中的数据进制不同，表示的数据就不同；此时，按同一进制方式输出的结果就不同。若数据相同但按不同的进制输出，则看到的结果也不同。在这里要强调是，用户看到的数据不一定是十进制，但用户不知道这不是十进制，如 77。

例 3-3　整型数据的应用之二。

```
#include <stdio.h>
int main(void)
{
    int num1, num2, num3;
    num1 = 64;
    num2 = 0100;
    num3 = 0x40;
    printf("%d,%d,%d\n", num1, num2, num3);
    return 0;
}
```

程序运行结果如图 3-10 所示。

图 3-10　例 3-3 程序运行结果

以上示例说明，不同进制但表示相同的数在内存中是相同的，所以按同一个格式输出也是相同的。那为什么代码中需要用十六进制整数呢？由于所有数据在内存中都是二进制(包括内存地址值)，为了方便显示和换算才采用十六进制(或八进制)。如果只使用十进制数据，则在处理底层数据(或地址)时换算很麻烦。

例 3-4　整型数据的定义和使用。

```
#include <stdio.h>
int main(void)
{
    int num1 = 5;
    printf("%d!\n", num1);
    num1 = 33*2;
    printf("%d!\n", num1);
    printf("%3d!\n", num1);
    printf("%5d!\n", num1);
    printf("%-5d!\n", num1);
    return 0;
}
```

程序运行结果如图 3-11 所示。

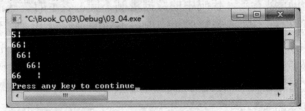

图 3-11　例 3-4 程序运行结果

格式字符串有很多附加格式控制。设置输出数据的显示宽度为 md，若 m 的值比实际输出的数据宽度小则失效，否则会在数据前面多输出空格用于对齐。设置输出数据宽度默认是右对齐，使用 -md 可以设置为左对齐。

3.3.4　整型数据编码及溢出

对于无符号的各个整数类型，以 unsigned short int(无符号短整型 2 个字节，16 位)为例，其最小值是 0，二进制为 0000000000000000，其最大值是 65 535，二进制为 1111111111111111。对于无符号整数，最高位表示数据(整型 4 个字节，32 位，最高位表示数据)。

对于有符号的各个整数类型，以 signed short int 为例，其最小值是 −32 768，二进制为1000000000000000，最大值为 32 767，二进制为 0111111111111111。对于有符号整数，最高位表示符号，低 15 位表示数据(整型 4 个字节，32 位，最高位表示符号，后 31 位表示数据)。而且在内存中是按补码存放的，如图 3-12 所示。

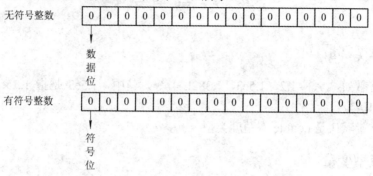

图 3-12　短整型有符号和无符号二进制示意图

例 3-5　整型运算的数据溢出。

程序代码如下：

```
#include <stdio.h>

int main(void)
{
    short int number1 = 32767;
    short int number2 = 16384;
    int number3 = 2147483647;
    number1 = number1 + 1;
    number2 = number2 * 2;
    number3 = number3 + 1;
    printf("%d\n", number1);
    printf("%d\n", number2);
    printf("%d\n", number3);
    return 0;
}
```

程序运行结果如图 3-13 所示。

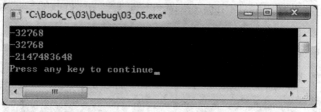

图 3-13　例 3-5 程序运行结果

运算溢出是在进行运算时将符号位一同处理(符号位当数据处理)，则当数据类型宽度不足以存放运算结果数据时，就会出现异常。因此大数运算需要另外写程序，不在这里进行讨论。

3.4 浮点型数据

3.4.1 浮点型常量

浮点型常量如 3.5、−1.2、1.5e3、1.382E-4 等，其中，1.5e3 是指 1.5×10^3，1.382E-4 是指 1.382×10^{-4}。

浮点型常量默认是 double 双精度类型。

3.4.2 浮点型变量

浮点型变量有 float(单精度浮点数)、double(双精度浮点数)、long double(长双精度型)等类型。

各种浮点型类型数据在 VC 环境中占的字节数如表 3-2 所示。

表 3-2 浮点类型数据

类型	字节数	bit	有效位数	取值范围	精度差	最小正值
float	4	32	6	$-3.4 \times 10^{38} \sim 3.4 \times 10^{38}$	1.2×10^{-7}	1.2×10^{-38}
double	8	64	15	$-1.8 \times 10^{308} \sim 1.8 \times 10^{308}$	2.2×10^{-16}	2.2×10^{-308}
long double	8	64	15	$-1.8 \times 10^{308} \sim 1.8 \times 10^{308}$	2.2×10^{-16}	2.2×10^{-308}

由于浮点型常量数据默认是 double 类型，因此当把数值 3.5 赋值给一个 float 类型变量的时候，程序会报警(数据可能会丢失精度)。所以，在对内存使用不受限时采用 double 类型，而不用 float 类型数据，以免程序报警。或者使用强制转换运算符消除报警，将后面的表达式转换为期望的类型，如 float a = (float)3.5;。

使用关键字 sizeof 可以计算出各数据类型在内存中占用的字节数。例如，printf("%d", sizeof(float))可以输出 float 数据类型占用的内存字节数。

3.4.3 浮点格式输出

浮点类型数据格式输出时使用 f，该格式默认输出小数点后 6 位(无论这 6 位小数是否有效、正确)。有时期望只输出小数点后 2 位，则可以使用格式.2f。有时候希望输出的数据占一定的宽度，则可以使用格式 10.2f 或-10.2f。另外，可以使用格式 e 按指数形式输出，格式 g 去掉小数后面无意义的 0。

例 3-6 浮点数据的定义和使用。

```
#include <stdio.h>

int main(void)
{
```

```
    float number1 = (float)1.2345;
    double number2 = 12345.6789;
    printf("%f,%f\n", number1, number2);
    printf("%5.2f,%-5.2f\n", number1, number2);
    printf("%e,%e\n", number1, number2);
    printf("%g,%g\n", number1, number2);
    return 0;
}
```

程序运行结果如图 3-14 所示。

图 3-14   例 3-6 程序运行结果

3.4.4   浮点型数据编码及舍入误差

float 单精度数据由 1 位符号位、8 位指数位(含负指数，即 $2^{-126} \sim 2^{128}$)和 23 位尾数位组成(即数据是 1.xxx 小数后面部分，由于是二进制，该数据必定介于 1~2 之间)。double 双精度数据由 1 位符号位、11 位指数位(含负指数，即 $2^{-1022} \sim 2^{1024}$)和 52 位尾数位组成，如图 3-15 所示。

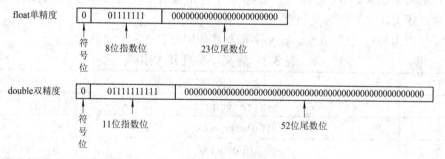

图 3-15   浮点数二进制示意图

例 3-7   浮点数的舍入误差。
程序代码如下：

```
#include <stdio.h>

int main(void)
{
    float number1, number2;
    float number3 = (float)123456e10;
    float number4 = (float)12345.7e11;
```

```
    number1= (float)123456e10;
    printf("%f\n", number1);
    number2 = number1 + (float)12.3456;
    printf("%f\n", number2);
    printf("%f\n", number4-number3);
    return 0;
}
```
程序运行结果如图 3-16 所示。

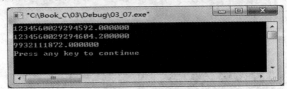

图 3-16　例 3-7 程序运行结果

一般，在编程时不要将一个很大的数和一个很小的数相加减，也不要将两个相近的数相减。

3.5　字符型数据

3.5.1　字符常量

字符型常量如'A'、'0'、'?'、' '(空格)等，字符常量的字符需要单引号括起来。除了上述字符常量，还有转义字符常量'\n'等。

转义字符由符号"\"引导，转义字符及其作用见表 3-3。

表 3-3　转义字符及其作用

字符形式	含　　义	ASCII 代码
\a	报警声(beep)	7
\b	退格(backspace)	8
\f	换页(form feed)	12
\n	换行(line feed)	10
\r	回车(carriage return)	13
\t	水平制表(horizontal tab)	9
\v	垂直制表(vertical tab)	11
\'	单引号	39
\"	双引号	34
\\	反斜杠	92
\ooo	1～3 位八进制数所代表的字符	—
\xhh	1～2 位十六进制数所代表的字符	—

其中，'\f' 和 '\v' 两个转义字符在屏幕输出时无效果，但会表现在打印输出中。最后两个转义字符的应用。例如，'\141' 表示 ASCII 码为 97(八进制是 141)的字符 'a'，'\x61' 同样表示字符 'a'。

3.5.2 字符串常量

"abcd"、""(没有字符)、"abc\tdef\xa\00" 等字符串常量需要使用双引号将一系列字符(0个或多个)括起来。

例 3-8 转义字符、格式字符串的使用。

程序代码如下：

```c
#include <stdio.h>

int main(void)
{
    printf("1\t2\t3\n");
    printf("123\t456\t789\n");
    printf("ABCD\t__EF");
    printf("\rG\tH\n");
    printf("I\tJ\b\b");
    printf("K_L\n");
    return 0;
}
```

程序运行结果如图 3-17 所示。

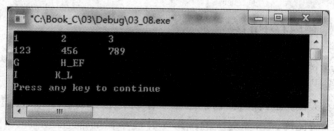

图 3-17 例 3-8 程序运行结果

由此可见，'\t'转义字符可用于对齐输出，'\r' 和 '\b' 的使用可能会在显示中替换一些已显示的字符(使用单步调试可以看到曾经输出过的字符和当前输出的光标位置)。

3.5.3 字符变量及其格式输出

字符变量使用关键字 char 定义，定义的字符变量只能存放一个字符。字符变量占一个字节(8 bit)。如果需要存放字符串，则需要使用数组(详见第 8 章)。

字符型数据使用格式说明符 c 进行输出。

例 3-9 字符型数据的定义及使用。

程序代码如下：

```
#include <stdio.h>

int main(void)
{
    char ch1 = 'A';
    char ch2 = 'b';
    printf("ch1=%c\n", ch1);
    printf("char2=%c\n", ch2);
    return 0;
}
```

程序运行结果如图 3-18 所示。

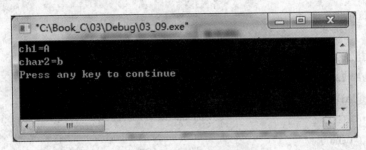

图 3-18 例 3-9 程序运行结果

"%"字符为格式输出引导标识，将该字符显示在屏幕上有两种方法：一种方法是在普通字符串中连续使用"%%"来输出一个该字符；另一种方法是用格式输出 printf("%c", '%'); 输出该字符。

3.5.4 字符数据在内存中的存储形式

在内存中并没有存放一个字符样式的东西(内存中全是二进制数)，内存中存放的是字符的编码数值。编码就是将一系列的信息用数值信息替代(即每一个数据表示一个东西，最常见的就是 0 代表关闭，1 代表打开)。内存中存放的是对应字符的 ASCII 码值。在需要显示字符时会查询字形图库，得到对应的图形，并显示在屏幕上。

例 3-10 字符数据与内存。

程序代码如下：

```
#include <stdio.h>

int main(void)
{
    int number = 97;
    char character = 'A';
    printf("%d, %c\n", number, number);
    printf("%c, %d\n", character, character);
```

```
        return 0;
    }
```
程序运行结果如图 3-19 所示。

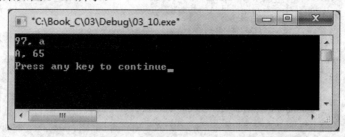

图 3-19 例 3-10 程序运行结果

字符变量占一个字节，而整数占四个字节。ASCII 编码为 0～127 共 128 个符号(见附录 A)，占一个字节，故上述变换只在 0～127 内有效。若超出 ASCII 码范围，则会显示操作系统采用的相关编码(很可能是乱码)。

例 3-11 字符乱码。

```
#include <stdio.h>

int main(void)
{
    char ch1 = 0xdd, ch2 = 0xfe;
    printf("%c%c\n", ch1, ch2);
    return 0;
}
```
程序运行结果如图 3-20 所示。

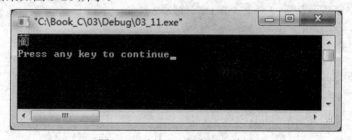

图 3-20 例 3-11 程序运行结果

习　题

3.1 请将下面各十进制数用二进制和十六进制表示：
　　 12　　　 31　　　 369　　　 10 000
3.2 请将下面各十六进制数用十进制表示：
　　 FA　　　 5B　　　 1234　　　 FFFE
3.3 以下哪些是 C 语言关键字：

define   printf   main   type   enum   union   IF   struct

3.4 以下哪些是合法的用户标识符：

P_0   do   _A   1a0   b-a   goto   _123   INT

3.5 写出下面程序的运行结果。

程序代码如下：

```c
#include <stdio.h>


int main(void)
{
    int a=12, b=15;
    char c1='x', c2='y', c3='z';


    printf("x=%d, y=%d\n", a, b);
    printf("%ca%cb%cc\n", c1, c2, c3);
    return 0;
}
```

3.6 已知圆柱半径 2.3，圆柱高 3.6，π 取 3.14，编程求圆柱表面积和圆柱体积(输出结果保留小数点后两位)。

第 3 章习题参考答案

第4章 运算符、格式输入与顺序结构 程序设计

4.1 运 算 符

4.1.1 运算符

运算符是指某种运算的标识，比如符号 + 表示加法。

C 语言运算符非常丰富。有修改优先级的括号运算符()，有自增运算符 ++、自减运算符 --、逻辑非运算符 !等。

C 语言的运算符同数学中 +、−、×、/(加、减、乘、除)运算符一样，在同一式中出现时，会按照先乘除后加减的优先级顺序进行计算。

C 语言的运算符主要有以下几类：

(1) 算术运算符：+、−、*、/、%。

(2) 关系运算符：>、<、>=、<=、!=、==。

(3) 逻辑运算符：!、&&、||。

(4) 位运算符：&、|、^、~、<<、>>。

(5) 赋值运算符：=、++、--、+=、-=、*=、/=、%=、&=、|=、^=、<<=、>>=。

(6) 条件运算符：? :。

(7) 求字节数运算符：(sizeof)。

(8) 强制类型转换运算符：(类型)(如(int)、(int *)、(float)、(char)等)。

(9) 逗号运算符：,。

(10) 数组下标运算符：[]。

(11) 成员引用运算符：.、->。

(12) 指针运算符：*、&。

运算符也可以叫作操作符。有运算符就需要有运算数(操作数)，如+的运算就需要在该运算符两侧出现两个数据来进行运算，如 3+4，其中 3 和 4 就是运算数，+ 是运算符，3+4 称为表达式。C 语言中任何表达式均有结果(值)，如加法表达式 x+y，关系表达式 x>3，赋值表达式 i=5 等。

4.1.2 赋值运算符

赋值运算符是 C 语言中大量运用的一种运算符。其功能是将等号右边的表达式的计算

结果存放到等号左边变量所表示的内存空间里面。赋值运算符"="左边一定是表示某个内存空间的表达式，比如变量表示某个内存空间，指针的指向运算符也表示某个内存空间。例如，赋值表达式 i=5、*p=5 等。

代码中常见的表达式，如 i = i + 1 表示从 i 表示的内存空间取出其值，然后与 1 进行加法运算，结果会写到 i 表示的内存空间里。此时之前的值就被覆盖了，i 内存里是新的值。类似的赋值表达式有：

$$k = k * i$$

$$x = (a * x * x + c) / b$$

这些表达式并不是数学的方程式，等号右边表示取这些变量空间里面的值进行运算，运算结果写到等号左边变量表示的内存空间。一旦有新的内容写入，则该等号左边变量内原来存放的数据就会丢失。所以，如果该旧数据还需要使用，就在修改其内容前用其他变量来保存。

在程序中表达式 3=2+1 就会报错，因为等号左边不表示内存空间，无法存储右边计算出的结果。

在赋值时，如果等号左边表示的内存空间类型与右边表达式类型不同，就会进行数据类型转换(由于不同类型的存储方式不同)。其转换方式如下：

(1) 将浮点型数据赋给整型变量时，编译会报警，可能丢失数据。若不管报警强制运行，则将舍弃浮点数的小数部分。例如，i=3.65 相当于执行 i=3。

(2) 将整型数据赋给浮点类型变量时，若精度足够，则直接赋值；若精度不足，则会报警；若不处理报警强制运行，则降低精度(将一个有效位数超过 7 位的整型数据赋给 float 类型变量时)。

(3) 将 double 类型数据赋值给 float 类型变量时会报警，可能丢失数据。若不处理报警，则会降低精度。

(4) 将字符型数据赋给整型变量时，无符号字符直接使用其 ASCII 码值，有符号字符直接扩展其最高位(即字符为正整型变量也为正，字符为负整型变量也为负)。

(5) 将整型数据赋给字符变量时，超过字符数据范围会报警。若不处理报警强制运行，则直接将数据的最低字节的数据赋值给字符变量。

另外，赋值表达式 i=3 是有值的，该表达式的值即是 i 的值。我们可以见到代码中经常有类似 x=y=z=3 的代码。

4.1.3 算术运算符

C 语言的算术运算符是指+、−、*、/、%，分别对应着数学中的加法、减法、乘法、除法和求余运算。

%求余运算是指被除数除以除数后的余数，如 11%3 的值为 2(即 11 除以 3 的余数为 2)。计算余数是在整数范围内进行的运算，而不能对两个浮点类型数据进行求余运算。

4.1.4 复合赋值运算符

复合赋值运算符有 +=、−=、*=、/=、%=、&=、|=、^=、<<=、>>=。复合赋值运算符

只是运算赋值表达式的简单写法。例如，a += 3 表示 a=a+(3)，是将 += 符号后面的数据累加到原变量内存空间里，其他复合赋值运算符也相似。后 5 个复合赋值运算符是与位运算相关的运算符(详见第 13 章)。同样，复合赋值表达式也有值，其值是变量内存空间最终获得的值。

4.1.5　自增、自减运算符

自增运算符"++"和自减运算符"--"组成的表达式是代码中最常用的一类。单独使用 i++ (或 ++i)表达式相当于 i=i+1 表达式，i-- (或--i)表达式即是 i=i-1。

若将自增(自减)运算符与其他运算混合放置，如 j=i++ 或 j=++i 所表示的意思就有差别了。i++ 表达式是先使用 i 的值，然后做 i=i+1；而++i 表达式是先做 i=i+1，再取 i 里的值。所以，j=i++ 相当于 j=i,i=i+1(j 变量里的值比 i 小 1)，j=++i 相当于 i=i+1,j=i (i、j 变量里的值相等，都是加了 1 的值)。

鉴于混合放置自增、自减运算符容易产生混淆，为保证程序的可阅读性与易理解性，建议单独使用自增(自减)运算符。

4.1.6　变量赋初值

变量定义后，如果不赋值(或不赋初值)，则该变量值不确定。

变量赋值是先定义变量，再另起一行语句将数据赋值给变量。变量赋初值的方法与语句序列如下：

　　　int i;
　　　i = 5;

也可以在定义变量的同时就将数据赋给定义的变量。例如，int i = 5;表示在定义变量 i 后，将 i 变量内存修改为 5。

其他变量的赋值方法相同。

4.1.7　各类数值型数据间的混合运算

若不同类型的数据进行算术运算，那么表达式运算结果的类型又是什么呢？不同的 C 语言编译器在编译时有所差异。其中，VC6.0 不同类型数据运算转换规则如图 4-1 所示。

图 4-1　VC6.0 不同类型数据运算转换规则

图中虚线表示必然的转换，即只要有 char 类型或 short 类型必然会转换为 int 类型进行运算。图中实线表示如果有不同类型数据进行运算，会向精度高的数据类型转换。

例如，表达式 'a' + 'b' 先将 'a' 和 'b' 从 char 类型转换为 int 类型，然后再进行计算，计算结果也是 int 类型，值为 195。例如 53/10 转换结果还是 int 类型，值为 5。例如 53/10.0 中 53 是整型，10.0 是 double 类型，要先将 53 转换为 double 类型 53.0，再计算 53.0/10.0，结果是 double 类型，值为 5.3。

赋值运算左边变量(或内存空间)的数据类型与等号右边表达式的数据类型不同时，按等号左边变量的数据类型进行转换，并且整个赋值表达式的类型也同左边变量的类型一致。

例 4-1 给定一个三位整数，计算各个位上数字之和。

程序代码如下：

```
#include <stdio.h>
int main(void)
{
    int sum, digit3, digit2, digit1;
    int number = 738;
    digit3 = number/100%10;
    digit2 = number/10%10;
    digit1 = number/1%10;
    sum = digit1+digit2+digit3;
    printf("sum=%d\n", sum);
    return 0;
}
```

程序运行结果如图 4-2 所示。

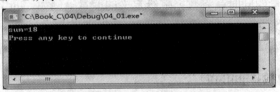

图 4-2　例 4-1 程序运行结果

示例 4-1 程序中利用整数除以整数的结果还是整数来运算，将一个多位整数拆分成了多个一位整数。

4.1.8　强制转换运算符

强制转换运算符可以将某种数据类型强制转换为另外一种数据类型。例如，(int)3.5 中(int)就是强制转换运算，该表达式将双精度常数 3.5 转换为整型数据类型。

强制转换运算符使用格式：

(数据类型)表达式

由于该运算符优先级比较高，如果需要对整个表达式的数据类型进行强制转换，则使用格式通常为(数据类型)(表达式)。例如，(int)(5.5*2.1)表示先计算 5.5*2.1 为 11.55，再将该双精度数转换为 11 的整型类型。若写为(int)5.5*2.1 则是先将 5.5 转换为 5，然后再乘以 2.1，表达式的值为 10.5 双精度类型。

4.1.9 sizeof 运算符

sizeof 是关键字，是专用于计算数据类型宽度的运算符。为了让程序具有更好的移植性，经常会采用 sizeof 计算某些数据类型的宽度。例如，sizeof(int)表示计算整型数据类型宽度，但是该运算符计算出的值在不同的编译环境中是不同的，其在 VC6 里面值为 4，而在 TC2 里该值为 2。

4.1.10 逗号运算符和逗号表达式

使用 ","(逗号)运算符可以将其他运算表达式连接起来。例如，i=3,j=5,k=7 称为逗号表达式。逗号表达式的值是最后的逗号后面表达式的值，因此，示例中整个表达式的值为 7。由此可知，若 x=(i=3,j=5,k=7)，则 x 的值为 7。

4.1.11 C 语句

C 语言函数内程序段是由 C 语句组成的，每一条 C 语句由代码及分号组成。

C 语言中最常见的是定义变量语句和赋值语句，其次是选择结构语句、switch 分支结构语句、循环结构语句、用于 switch 和循环结构的 break;语句、用于循环结构的 continue;语句、函数调用语句、函数声明、结构体声明、共用体声明和枚举声明等。

赋值语句的格式为

　　　　变量名 = 表达式(或数值);

例如，digit3 = number/100%10;就是将表达式计算出的值赋给 digit3 变量。

4.2　格　式　输　入

4.2.1 数据输入/输出的概念

输入/输出是针对计算机核心(CPU 和内存)而言的。从计算机向输出设备(如显示器、打印机)输出数据，从输入设备(键盘、鼠标、扫描仪等)输入数据。磁盘既是输入设备也是输出设备，存盘(也称写磁盘)时数据从核心部件到磁盘(输出)，读盘时数据从磁盘到核心部件(输入)。

C 语言本身没有专门的输入/输出指令，而是通过对一批输入/输出库函数的调用来实现输入/输出操作。

4.2.2 格式输出

第 3 章中按数据类型给出了 printf 函数格式输出的格式说明符。完整的格式说明为

　　　　%[flags] [width] [.precision] [{l|l|h}]type

其中，[]表示可以缺省；{ | }表示单选；type 指格式类型说明符；width 设置输出数据最小宽度；flag 标记格式控制；.precision 在输出浮点类型数据时设置小数点后的位数，或者在输出整数时设置前置 0 补足位数，或者在输出字符串时设置输出字符串的个数；l 用于长整数类型；h 用于短整数类型。

数据类型(type)说明符见表 4-1。

表 4-1　格式输出 printf 类型字符

字符	说　　　明
d,i	有符号十进制形式输出整数(正数不输出符号)
o	无符号八进制形式输出整数(不输出前导符 0)
x,X	无符号十六进制形式输出整数(不输出前导符 0x)，x 输出 abcdef，X 输出 ABCDEF
u	无符号十进制形式输出整数
c	输出单字节字符
s	输出单字节字符串
f	以小数形式输出浮点数，默认 6 位小数
e,E	以指数形式输出浮点数，默认 6 位小数、指数用正负号和三位整数，e 输出指数符小写，E 输出指数符大写
g,G	以 f 和 e 格式较短的一种格式输出，小数点后多余的 0 不输出，小数全为零则小数点也不输出，用 G 时若以指数形式输出，则指数符大写
p	输出内存地址 xxxxyyyy，xxxx 是段，yyyy 是偏移地址，大写十六进制

标记(flag)说明符见表 4-2。

表 4-2　格式输出 printf 标记字符

字符	说　　　明	缺　省　说　明
−	左对齐	右对齐
+	输出前缀正负号	只输出负号(不输出正号)
0	用前缀 0 填充宽度	不填充 0
#	为 o、x、X 输出前缀 0、0x、0X，强制输出 e、E、f 小数点	不输出前缀，在精度为 0 时不输出小数点

当需要输出一个字符"%"时，在格式控制字符串中用连续的两个"%"即可。

4.2.3　格式输入

C 语言的标准格式输入使用 scanf 库函数操作。其语法格式为

    scanf("格式说明符", 变量地址);

scanf 的格式说明符与 printf 的格式说明相同,在其中也可以放置非格式的普通字符串。变量地址参数可以使用某变量的地址,也可以使用分配的其他可用地址。该函数的功能是将用户输入的数据按格式符翻译成二进制后存储到地址所指的内存中。例如:

    int i;

    scanf("%d", &i);

在使用 scanf 时要注意，如果在格式说明符中间加入了非格式说明的字符，则在输入数据时也需要键入这些非格式说明的字符，否则变量不能得到正确的结果。例如：

    int a, b, c;
    scanf("a=%d,b=%d,c=%d", &a, &b, &c);

此时键盘输入必须是 a=1,b=2,c=3 这种格式(其中 1、2、3 可以修改为需要的其他数据)，如果键盘输入未按该格式输入，则 a、b、c 三个变量就不能得到期望输入的数据。

建议格式输入单独写，并且没有其他符号，如果需要提示，可以在输入前后加格式输出信息提示。

完整的格式说明为

    %[*] [width] [{h | l | L}]type

其中，width 设置输入数据所占宽度；*表示本输入项不存储；h 用于短整数；l 用于长整数和双精度浮点数；L 用于 long double 类型。

类型(type)字符说明见表 4-3。

表 4-3　格式输入 scanf 类型字符说明

字　　符	说　　明
d, i	有符号十进制整数
u	无符号十进制整数
o	无符号八进制整数
x, X	无符号十六进制整数
c	单个字符
s	字符串
f, e, E, g, G	单精度浮点数

例 4-2　格式输入示例一。

程序代码如下：

```c
#include <stdio.h>

int main(void)
{
    char cnum;
    int inum;
    long lnum;
    float fnum;
    double dnum;
    printf("输入一个字符：");
    scanf("%c", &cnum);
```

```
    printf("输入一个整数：");
    scanf("%d", &inum);
    printf("再输入一个整数：");
    scanf("%ld", &lnum);
    printf("输入一个浮点数：");
    scanf("%f", &fnum);
    printf("再输入一个浮点数：");
    scanf("%lf", &dnum);
    printf("输出：字符 %c,整数 %d,长整数 %ld,单精度浮点数 %f,双精度浮点数 %f\n",
        cnum, inum, lnum, fnum, dnum);
    return 0;
}
```

程序运行结果如图 4-3 所示。

图 4-3 例 4-2 程序运行结果

例 4-3 格式输入示例二。

程序代码如下：

```
#include <stdio.h>

int main(void)
{
    char cnum;
    int inum;
    long lnum;
    float fnum;
    double dnum;
    printf("请输入字符、整数、整数、小数、小数(中间用空格分隔)\n");
    scanf("%c%d%ld%f%lf", &cnum, &inum, &lnum, &fnum, &dnum);
    printf("第一次输出：字符 %c,整数 %d,长整数 %ld,单精度浮点数 %f,双精度浮点数 %f\n",
        cnum, inum, lnum, fnum, dnum);
    printf("请输入字符、整数、整数、小数、小数(中间用逗号分隔)\n");
    scanf("%c,%d,%ld,%f,%lf", &cnum, &inum, &lnum, &fnum, &dnum);
    printf("第二次输出：字符 %c,整数 %d,长整数 %ld,单精度浮点数 %f,双精度浮点数 %f\n",
```

```
                cnum, inum, lnum, fnum, dnum);
        return 0;
    }
```

程序运行结果如图 4-4 所示。

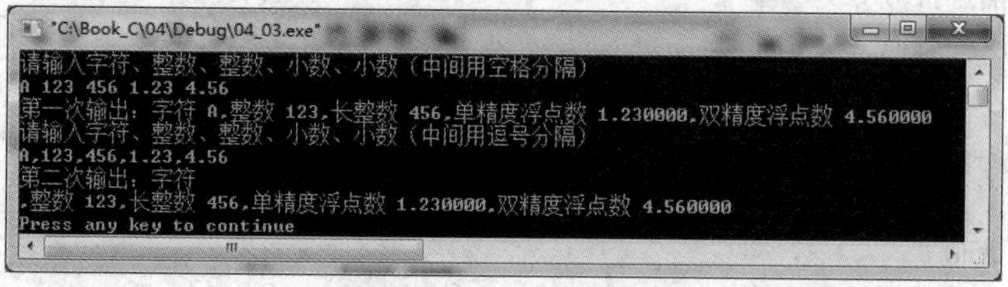

图 4-4 例 4-3 程序运行结果

在使用格式输入时,如果格式字符串中没有加入任何其他字符,则输入时用空格、制表符或回车进行数据分隔。如果格式字符串中加入了其他字符,则输入数据时在对应的位置上应输入相同的字符。在输入数值数据时,遇到非法字符(不属于数值的字符)则表示该数据结束。

"%c"格式输入字符时,可以输入空格、回车和其他转义字符。示例中第二次输出的字符数据就是第二次输入的换行符。

4.3 字符数据的输入/输出

不仅可以使用 scanf 和 printf 函数输入/输出,C 语言的库函数还提供了很多用于输入/输出的函数。

4.3.1 putchar 函数

putchar 函数是输出一个字符的库函数。该函数的调用语句为

    putchar(c);

其中,c 可以是字符常量、字符变量、整型数据(只将整数最低字节的数据按字符输出)。

例 4-4 putchar 函数示例。

程序代码如下:

```
#include <stdio.h>

int main(void)
{
    char char1 = 'n';
    int char2 = 366;
    putchar('\"');
    putchar('L');
    putchar('i');
```

```
        putchar(char1);
        putchar('\x42');
        putchar('\151');
        putchar(char2);
        putchar(103);
        putchar('\"');
        putchar('s');
        putchar('\"');
        putchar('\x0a');
        return 0;
    }
```

程序运行结果如图 4-5 所示。

图 4-5　例 4-4 程序运行结果

4.3.2　getchar 函数

getchar 库函数可以获得输入的字符数据,函数调用表达式为 getchar(),不带任何参数,
该函数返回得到的输入字符。

例 4-5　getchar 函数示例。

程序代码如下:

```
#include <stdio.h>

int main(void)
{
    char c1, c2;

    c1 = getchar();
    printf("%c,%d\n", c1, c1);
    c2 = getchar() + 32;
    printf("%c,%d\n", c2, c2);
    return 0;
}
```

程序运行结果如图 4-6 所示。

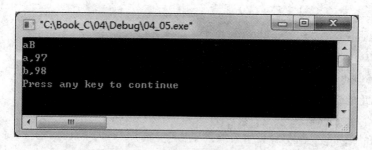

图 4-6 例 4-5 程序运行结果

该示例在输入时需要连续输入两个字符(第 1 个任意,第 2 个最好是大写)。当第 2 个字符是大写字符(实际是该字符的 ASCII 码值)时,加 32 后就是该字符的小写 ASCII 码值。

4.4 输入缓冲区

输入缓冲区是内存的一个区域,在程序开始时初始化为空,在程序结束时释放内存空间。

从键盘输入的所有字符(包括空格、回车等)序列都会暂时存放在输入缓冲区中。当程序运行到输入函数时,若输入缓冲区没有字符,则等待用户输入;若输入缓冲区有可用字符序列,则不会要求用户输入。

在例 4-5 中,如果输入 a 后回车,则输出结果如图 4-7 所示。

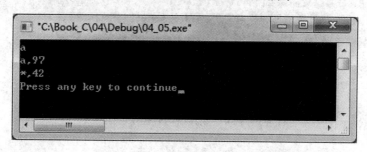

图 4-7 例 4-5 程序运行异常的结果

第 2 个 getchar 函数并没有等待用户输入数据,这是因为第 1 次输入内容中的回车符还在输入缓冲区中(a 被第 1 个 getchar 函数读走),第 2 个 getchar 函数读到了这个回车字符,回车的 ASCII 码值为 10,"*"的 ASCII 码值为 42。

对于有多次输入的程序,如果希望本次输入语句重新从键盘获取数据(不使用之前输入的剩余在输入缓冲区的数据),可以在本次输入语句之前加一条 fflush(stdin);语句以清除输入缓冲区的数据。

例 4-6 清除输入缓冲区。

程序代码如下:

```
#include <stdio.h>


int main(void)
```

```
    {
        int integer;
        char character;
        scanf("%d", &integer);
        fflush(stdin);
        character=getchar();
        printf("%c\n", character);
        return 0;
    }
```

程序运行结果如图 4-8 所示。

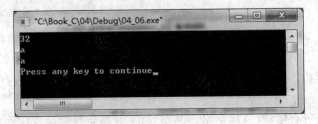

图 4-8　例 4-6 程序运行结果

如果注释 fflush(stdin);这条语句(删除也可以)，则程序运行结果如图 4-9 所示。

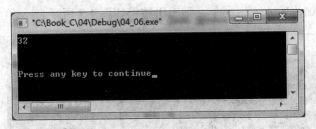

图 4-9　例 4-6 注释语句后程序运行结果

4.5　顺序程序设计

对于顺序结构，按顺序一步一步完成即可得到程序运行结果。

例 4-7　利用海伦公式，计算三角形面积。

海伦公式 $S_{\triangle ABC} = \sqrt{s(s-a)(s-b)(s-c)}$ 。其中，a、b、c 是三角形的三条边；

$s = \dfrac{a+b+c}{2}$ (三角形的半周长)。

程序代码如下：

```
#include <stdio.h>
#include <math.h>
int main(void)
```

```
    {
        double sidea, sideb, sidec;        //三角形的三条边
        double area, s;                    //面积，半周长

        printf("请输入三角形三条边 a, b, c: ");
        scanf("%lf%lf%lf", &sidea, &sideb, &sidec);

        s = (sidea + sideb + sidec) / 2;
        area = sqrt(s * (s - sidea) * (s - sideb) * (s - sidec));
        printf("该三角形面积为：%.2f\n", area);
        return 0;
    }
```

程序运行结果如图 4-10 所示。

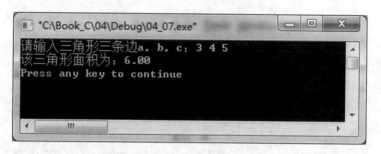

图 4-10　例 4-7 程序运行结果

在程序中经常会用到一些库函数，在例 4-7 程序中使用了 sqrt 开方函数。该函数的调用方法为 sqrt(x)，其中，x 是数值类型(字符也可以，字符会使用其 ASCII 码值作为数值)，使用该函数时需要添加头文件 math.h。

例 4-8　从键盘输入某商品的单价及销售数量，计算该商品的销售额。

程序代码如下：

```
    #include <stdio.h>

    int main(void)
    {
        int number;                //数量
        double cost;               //金额

        printf("输入该商品的单价金额:");
        scanf("%lf", &cost);
        printf("输入该商品的销售数量:");
        scanf("%d", &number);
```

```
            printf("该商品的销售额为:%.2f\n", cost * number);
            return 0;
        }
```

程序运行结果如图 4-11 所示。

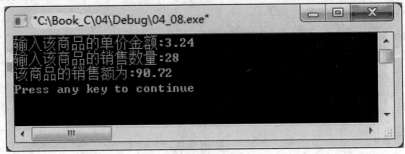

图 4-11　例 4-8 程序运行结果

习　　题

4.1　填空题。

(1) 要使下面程序在屏幕上显示 1,2,34,则从键盘输入的数据格式应为_____。

```
    #include <stdio.h>
    int main(void)
    {
        char a,b;
        int c;
        scanf("%c%c%d", &a, &b, &c);
        printf("%c,%c,%d\n", a, b, c);
        return 0;
    }
```

(2) 在(1)程序的基础上,键盘输入数据相同时,若将程序中的输出语句改为

```
        printf("%-2c%-2c%d\n", a, b, c);
```

则程序的屏幕输出为_____。

(3) 要使在(1)程序的基础上,键盘输入数据的格式为 1,2,34,输出语句在屏幕上显示的结果也为 1,2,34,则应将程序中的输入语句改为_____。

(4) 在(3)程序的基础上,仍然输入 1,2,34,若将程序中的输出语句改为

```
        printf("\'%c\',\"%c\",\\%d\\\n", a, b, c);
```

则程序的屏幕输出为_____。

(5) 要使在(1)程序的基础上键盘输入数据无论为下面哪种格式,程序在屏幕上的输出结果都为 1,2,34,则应将程序中的输入语句改为_____。

第 1 种输入方式：1,2,34✓ (以逗号作为分隔符)

第 2 种输入方式：1　2　34✓ (以空格作为分隔符)

第 3 种输入方式：1　　2　　34↙（以 Tab 键作为分隔符）

第 4 种输入方式：1↙

　　　　　　　　2↙

　　　　　　　　34↙（以回车符作为分隔符）

4.2　从键盘输入圆的直径，计算该圆的周长及面积。

4.3　从键盘输入圆锥的底面半径及高，计算该圆锥的表面积和体积。

4.4　已知一辆车的初始速度为 0，计算加速度分别为 7.8 m/s^2 和 10 m/s^2 时，该车在 1 s、10 s 和 3.6 s 时的里程值。

4.5　输入三角形的三个顶点坐标，计算该三角形的垂心坐标(设三角形的三边均不平行于 x 轴和 y 轴)。

第 4 章习题参考答案

第 5 章　选择结构程序设计

第 4 章的例题中存在一些问题。例如，当输入的商品单价或销售数量为负数时，程序依然会执行，这种情况就不符合题意；当输入的三角形的三条边不能构成三角形时，程序会发生异常。以上情况，就需要对输入的数据进行排查，对于不符合标准的数据不进行相关的运算或处理，符合的才处理。因此，如果要对以上问题进行处理，就需要用到选择结构。

在介绍选择结构之前，先介绍选择结构中经常使用的一些运算符和表达式。

5.1　关系运算符和关系表达式

关系运算是指两个表达式(或数据)进行比较，用了关系运算就可以进行关系判断，调整程序流程。

5.1.1　关系运算符及其优先级

关系运算符有>(大于)、<(小于)、>=(大于等于)、<=(小于等于)、==(等于)、!=(不等于)。关系运算符均是双目运算符、左结合。其中，>、<、>=、<=优先级相同；==、!=优先级相同；前四个运算符的优先级高于后两个运算符，但都低于 + 和 – 算术运算符。

5.1.2　关系表达式

两个表达式(或数据)用关系运算符连接形成的式子是关系表达式，如 4>=3、2<–1、x+y==5。

关系表达式的值有两个，即 0(假)或 1(真)，如果关系表达式是正确的则表达式的值为 1，否则值为 0。上述前两个表达式的值为 1 和 0，第三个表达式的值需要看 x 和 y 变量里的实际值才能确定。

另外，在 C 语言表达式中，–1 < 0 < 1 这个关系表达式的值为假，可能很容易把这个表达式与数学描述混淆。在 C 语言里，由于 "<" 是双目运算符左结合，即先计算 –1 < 0 为真(1)，再计算 1 < 1 为假(0)。如果希望编写和数学描述等价的 C 语言表达式，就需要使用逻辑与运算符。

例 5-1　关系表达式的值。
程序代码如下：

```
#include <stdio.h>
int main(void)
{
```

```
        Int x = 2, y = 3;

        printf("%d\n", 4 >= 3);
        printf("%d\n", 2 < -1);
        printf("%d\n", x + y == 5);
        printf("%d\n", -1 < 0 < 1);
        return 0;
    }
```

程序运行结果如图 5-1 所示。

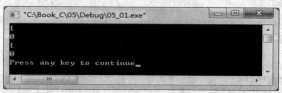

图 5-1　例 5-1 程序运行结果

5.2　逻辑运算符和逻辑表达式

逻辑运算是将两个逻辑量(真/假)进行运算。

5.2.1　逻辑运算符及其优先级

逻辑运算符有 && (逻辑与)、∥(逻辑或)、! (逻辑非)。

虽然逻辑运算是将两个逻辑量进行运算，但在 C 语言中也可以使用任意值进行逻辑运算。对于一切非 0 值均表示真值(含正数、负数、小数等)，所以只有 0 值表示假值。

逻辑非是单目运算符，优先级很高；逻辑与和逻辑或的优先级低于关系运算符，但高于赋值运算符。

5.2.2　逻辑表达式

将两个表达式(或数据)用逻辑关系运算符连接形成的式子是逻辑表达式，如 3 < 4 && 4 < 5、x > y ∥ x > z。逻辑运算结果如表 5-1 所示。

表 5-1　逻辑运算值表

a 表达式	b 表达式	a&&b	a∥b	!a	!b
0	0	0	0	1	1
0	非 0	0	1	1	0
非 0	0	0	1	0	1
非 0	非 0	1	1	0	0

例 5-2　逻辑表达式的值。

程序代码如下：

```
#include <stdio.h>
int main(void)
{
    printf("%d\n", 1.5 && 2.3);
    printf("%d\n", 1.5 && 0.0);
    printf("%d\n", 0.0 || 0);
    printf("%d\n", !0.0);
    printf("%d\n", !3.2);
    return 0;
}
```

程序运行结果如图 5-2 所示。

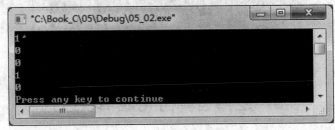

图 5-2 例 5-2 程序运行结果

例 5-3 写出 year 为闰年时逻辑为真的表达式。

闰年的判断有两个条件，第 1 个条件是 4 的倍数，第 2 个条件是如果是 100 的倍数必须也是 400 的倍数才是闰年(若是 100 的倍数但不是 400 的倍数，则不是闰年，如 1700 年不是闰年)。

第 1 个条件为真的表达式为 year%4 == 0。当 year 是 4 的倍数时 year%4 这个表达式的值肯定是 0。第 2 个条件为真的表达式为 year%400 == 0,当 year 是 400 的倍数必定也是 100 的倍数。那么 year 是 100 的倍数条件怎么处理。由于 4 是 100 的因子，所以是 100 的倍数必定也是 4 的倍数，但是 100 的倍数不一定都是闰年，所以应该将第 1 个条件描述为是 4 的倍数且不是 100 的倍数时为闰年，第 2 个条件描述为是 400 的倍数时为闰年。写出对应的逻辑表达式为

(year % 4 == 0 && year % 100 != 0) || (year % 400 == 0)

该表达式意思为 year 是 4 的倍数并且不是 100 的倍数时为真,或者是 400 的倍数时为真。

5.3 if 语句

选择结构主要使用 if 关键字及其相关的语句完成。

5.3.1 if 语句的三种形式

if 语句的第 1 种常用形式由 if~else 关键字组成，格式如下：
    if (逻辑值)

```
    {
        //逻辑值为真时处理的代码
        执行代码 1;
    }
    else
    {
        //逻辑值为假时处理的代码
        执行代码 2;
    }
```

上述 if～else 选择语句的执行流程图如图 5-3 所示。

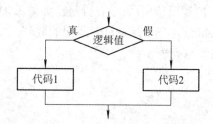

图 5-3　if～else 选择语句的执行流程图

当 if 后面的逻辑值为真时，运行某些代码；当 if 后面的逻辑值为假时，运行另外一些代码。其中，逻辑值可以是通过关系运算或逻辑运算得到的逻辑值(真或假)，也可以是任意表达式(当表达式的值不为 0 时均表示为真值)。

例 5-4　if 语句示例一。

程序代码如下:

```
#include <stdio.h>

int main(void)
{
    char ch;

    printf("请输入一个字符:");
    ch = getchar();

    if (ch >= 'a' && ch <= 'z')
    {
        printf("%c\n", ch - 32);
    }
    else
    {
        printf("%c\n", ch);
```

```
        }
        return 0;
    }
```

程序运行结果如图 5-4、图 5-5 所示。

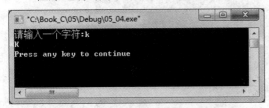

图 5-4　例 5-4 程序运行结果一

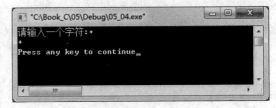

图 5-5　例 5-4 程序运行结果二

注意：在该语法格式中 if(逻辑值)后面没有分号，如果添加了分号(空语句)则会报语法错误(illegal else without matching if，没有与 else 匹配的 if 语法错误)。

其实，语法上可以用原始语句表示：

```
    if ();
    {}
    else
    {}
```

相当于如下语句：

```
    if ()
    ;
    {}
    else
    {}
```

即 if 和 else 之间有两条以上语句。当 if 和 else 之间有两条或两条以上语句时，只能用复合语句{}将多条语句当成一个程序块(一个处理过程)处理。

if 语句的第 2 种常用形式只使用 if 关键字，格式如下：

```
    if (逻辑值)
    {
        //逻辑值为真时处理的代码
        //执行代码;
    }
```

该格式中没有 else，即如果条件为真值，就执行复合语句(大括号内的内容)，如果条件为假则什么也不做。无论条件是真值还是假值，该框架后面的代码都会继续执行。该结构的执行流程图如图 5-6 所示。

例 5-5　if 语句示例二。

程序代码如下：

```
    #include <stdio.h>
```

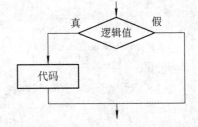

图 5-6　if 选择结构的执行流程图

```
int main(void)
{
    int score;

    scanf("%d", &score);
    if (score >= 60)
    {
        printf("成绩合格\n");
    }

    printf("成绩为%d。\n", score);
    return 0;
}
```

程序运行结果如图 5-7、图 5-8 所示。

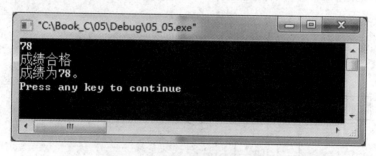

图 5-7　例 5-5 程序运行结果一

图 5-8　例 5-5 程序运行结果二

if 语句的第 3 种形式，格式如下：

```
if (逻辑值 1)
{
        代码 1;
}
else if (逻辑值 2)
{
        代码 2;
}
```

```
    ...
    else if (逻辑值 n)
    {
            代码 n;
    }
    else
    {
            代码 n+1;
    }
    代码 n+2;
```

　　该选择语句处理中，若逻辑值 1 为真，则执行代码 1，代码 2 至 n+1 不再执行；若逻辑值 1 为假，则会判断逻辑值 2，为真执行代码 2(不执行 1、3 至 n+1)，为假会继续判断逻辑值 3……当逻辑值 n 为真时，则执行代码 n(不执行 1 至 n-1 和 n+1)，为假则执行代码 n+1(不执行 1 至 n)。无论前面代码执行了哪一个，执行完成后都会执行代码 n+2。该选择结构的流程图如图 5-9 所示。

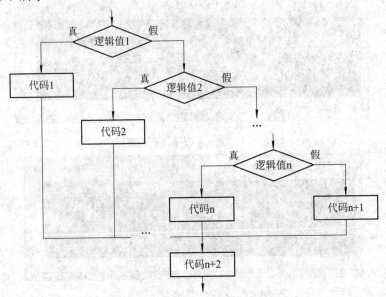

图 5-9　if~else if 选择结构的流程图

　　该形式非常适合处理逻辑范围分段的程序，如介于 0~59、60~79、80~100 等的算法。

例 5-6　if 语句示例三。

程序代码如下：

```
#include <stdio.h>

int main(void)
{
    int score;
```

```
        printf("输入一个成绩：");
        scanf("%d", &score);

        if (score < 0 || score > 100)
        {
            printf("输入数据错误!\n");
        }
        else if (score >= 90)
        {
            printf("成绩优秀!\n");
        }
        else if (score >= 75)
        {
            printf("成绩良好!\n");
        }
        else if (score >= 60)
        {
            printf("成绩及格!\n");
        }
        else
        {
            printf("成绩不及格!\n");
        }
        return 0;
    }
```

程序运行结果如图 5-10 所示。

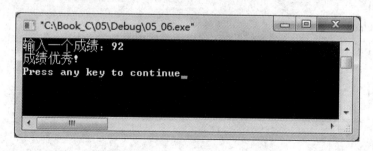

图 5-10　例 5-6 程序运行结果

使用该语句形式一定要注意逻辑范围不能交叉。如果 if 和 else if 后面的逻辑范围有交叉，程序就会变得难以阅读和修改(即属于交叉的值时，到底要执行哪个选择块)。

另外，在使用 if 时，要注意 if(x=0)和 if(x==0)的区别。由于 "=" 是一个运算符，前面表示将 0 值赋给 x 变量，同时该赋值表达式也为 0 值(即假值)，与 x==0 意思完全不同。建议当需要比较常数和变量时写为 if(0 == x)，这样如果写漏了一个等号就会直接报语法错误(0 不是存储空间，不能给其赋值)。

在读某些程序时，经常会出现 if(x)或者 if(!x)。其中，if(x)相当于 if(x!=0)。若分别取 x 的值为 0、1、非 0 非 1 的值代入表达式，则当两个表达式的逻辑值相同时表示两个表达式逻辑相同，if(!x)相当于 if(0==x)。

5.3.2 if 语句的嵌套

在第 2 章已经介绍过选择结构可以看成一个入口、一个出口的代码块。所以，if 嵌套格式的流程算法可以编写为如图 5-11 所示的流程图。

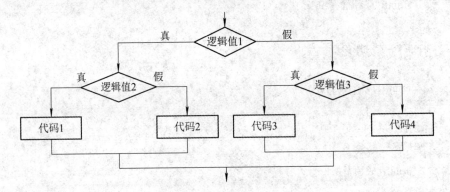

图 5-11　嵌套选择结构流程图

图 5-11 所描述的就是典型的 if 嵌套格式。语法格式如下：

```
if (逻辑值 1)
{
    if (逻辑值 2)
    {
        代码 1;
    }
    else
    {
        代码 2;
    }
}
else
{
    if (逻辑值 3)
    {
        代码 3;
    }
```

```
        else
        {
            代码 4;
        }
    }
```

例 5-7 if 嵌套语句示例。

程序代码如下：

```
#include <stdio.h>

int main(void)
{
    int score;

    printf("输入一个成绩：");
    scanf("%d", &score);

    if (score < 0 || score > 100)
    {
        printf("输入数据错误!\n");
    }
    else
    {
        if (score >= 75)
        {
            if (score >= 90)
            {
                printf("成绩优秀!\n");
            }
            else
            {
                printf("成绩良好!\n");
            }
        }
        else
        {
            if (score >= 60)
            {
                printf("成绩及格!\n");
            }
```

```
            else
            {
                printf("成绩不及格!\n");
            }
        }
    }

        return 0;
    }
```
程序运行结果如图 5-12 所示。

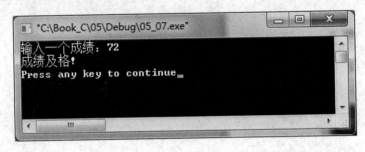

图 5-12　例 5-7 程序运行结果

实际上，if 的第 3 种使用方法就是 if 嵌套格式中的一种。

实际在使用 if 选择结构时，如果明确选择块仅有一条语句，则{}符号可以不写。但不写{}复合语句括号会让程序阅读很困难。例如：

```
if (逻辑值 1)
if (逻辑值 2)
    语句 1
else
    语句 2
```

该结构的 else 到底与哪一个 if 对应呢？在没有使用复合括号强制匹配的情况下，else 与其上最近的 if 匹配，即与逻辑值 2 的 if 匹配。其流程图如图 5-13 所示。

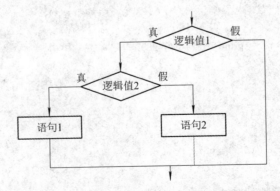

图 5-13　else 与 if(逻辑值 1)匹配的流程图

如果希望 else 与逻辑值 1 的 if 匹配，则程序框架应该写为

```
if (逻辑值 1)
{
    if (逻辑值 2)
        语句 1
}
else
语句 2
```

该结构的流程如图 5-14 所示。

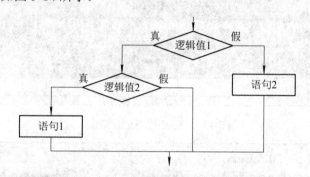

图 5-14   else 与 if(逻辑值 1)匹配的流程图

建议编程员无论选择块的语句是否只有一句，都使用{}复合语句来标识该语句块区域，因为这样可以让程序更容易阅读与解理。

5.3.3   条件运算符

条件运算符是由?(问号)和:(冒号)分隔三个表达式组成的，可以完成类似于 if 结构的运算。条件运算符的使用格式如下：

(表达式 1)?(表达式 2):(表达式 3)

其中，表达式 1 是逻辑表达式(也可以是任意表达式，取其逻辑值)。当表达式 1 为真时，表达式 2 作为整个条件运算表达式的值；当表达式 1 为假时，表达式 3 作为整个条件运算表达式的值。

条件运算符的优先级较低，但高于赋值运算符。

例 5-8   使用条件运算符获取两个数的大数。

程序代码如下：

```c
#include <stdio.h>

int main(void)
{
    int x, y, z;

    printf("输入 x,y:");
```

```
scanf("%d,%d", &x, &y);
z = (x>=y)?(x):(y);
printf("大数为%d\n", z);
return 0;
}
```

程序运行结果如图 5-15、图 5-16 所示。

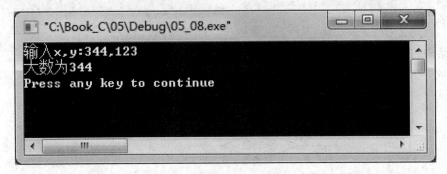

图 5-15   例 5-8 程序运行结果一

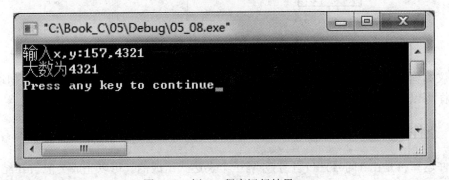

图 5-16   例 5-8 程序运行结果二

5.4   switch 语句

switch 语句通常用在分支是整数或字符的情况中。不仅 switch 是关键字，还需要用到关键字 case、default、break。

switch 语法格式为

```
switch(表达式)
{
    case  整数或字符:
        语句序列;
        break;
    case  整数或字符:
        语句序列;
        break;
```

```
            ...
        default:
            语句序列;
            break;
    }
```

程序执行流程是当表达式(或变量名)的值等于某个 case 后的值时，就跳转到那个 case 里的语句序列执行，直到遇到 break 后结束 switch 结构。若该 case 后面没有 break，则会按代码的顺序向下执行语句，直到遇到 break 或}(switch 结束大括号)。

例 5-9 输入月份值，输出该月份有几天。

程序代码如下：

```
#include <stdio.h>

int main(void)
{
    int month, day;
    printf("Input the month:");
    scanf("%d", &month);
    switch(month)
    {
        case 1:
        case 3:
        case 5:
        case 7:
        case 8:
        case 10:
        case 12:
            day = 31;
            break;
        case 2:
            day = 28;
            break;
        case 4:
        case 6:
        case 9:
        case 11:
            day = 30;
            break;
        default:
            day = -1;
```

```
                break;
        }
        if (-1 == day)
        {
                printf("The input is error!\n");
        }
        else
        {
                printf("month(%d) = day(%d)\n", month, day);
        }
        return 0;
}
```

程序运行结果如图 5-17 所示。

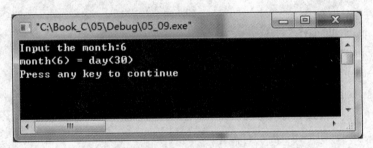

图 5-17　例 5-9 程序运行结果

5.5　选择结构程序设计

例 5-10　利用海伦公式，计算三角形面积。

程序代码如下：

```
#include <stdio.h>
#include <math.h>
int main(void)
{
        double sidea, sideb, sidec;         //三角形三条边
        double area, s;                     //面积，半周长

        printf("请输入三角形三条边 a, b, c：");
        scanf("%lf%lf%lf", &sidea, &sideb, &sidec);

        if (sidea + sideb > sidec && sideb + sidec > sidea && sidec + sidea > sideb)
        {
```

```
            s = (sidea + sideb + sidec) / 2;
            area = sqrt(s * (s - sidea) * (s - sideb) * (s - sidec));
            printf("该三角形面积为：%.2f\n", area);
        }
        else
        {
            printf("%.2f,%.2f,%.2f 不能够成三角形。\n", sidea, sideb, sidec);
        }
        return 0;
    }
```

程序运行结果如图 5-18 所示。

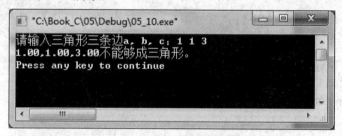

图 5-18　例 5-10 程序运行结果

例 5-11　输入一元二次方程的三个系数，计算该方程的根。

程序代码如下：

```
    #include <stdio.h>
    #include <math.h>

    int main(void)
    {
        double a, b, c;
        double x1, x2;
        double real, image;        //虚根的实部和虚部
        double disc;               //计算 b 方减 4ac

        printf("输入一元二次方程的系数 a, b, c:");
        scanf("%lf,%lf,%lf", &a, &b, &c);

        disc = b * b - 4 * a * c;
        if (disc > 0)
        {
            x1 = (-b + sqrt(disc)) / 2 / a;
            x2 = (-b - sqrt(disc)) / 2 / a;
```

```
        printf("该方程有两个不等实根：%.2f, %.2f。\n", x1, x2);
    }
    else if (0 == disc)
    {
        x1 = (-b) / (2 * a);
        printf("该方程有两个相等实根：%.2f。\n", x1);
    }
    else
    {
        real = (-b) / 2 / a;
        image = sqrt(-disc) / 2 / a;
        printf("该方程有两个不等虚根：%.2f+%.2fi, %.2f-%.2fi。\n", real, image, real, image);
    }
    return 0;
}
```

程序运行结果如图 5-19～图 5-21 所示。

图 5-19　例 5-11 程序运行结果一

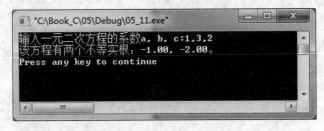

图 5-20　例 5-11 程序运行结果二

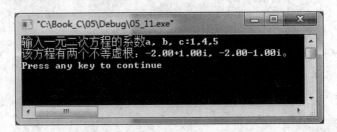

图 5-21　例 5-11 程序运行结果三

习　题

5.1　从键盘输入三个整数，输出其中最大的整数。

5.2　从键盘输入一个年份值，输出该年是否为闰年。

5.3　从键盘输入一个字符，输入的大写转换为小写输出，输入的小写转换为大写输出，其他字符输出不变。

5.4　从键盘输入年月日，输出该日期是当年的第几天(当年的 1 月 1 日为第 1 天，考虑闰年及月日的合法性)。

第 5 章习题参考答案

第6章 循环结构程序设计

循环结构可以多次重复完成同一类有规律的操作。循环可以用于穷举计算，对于不可通过直接运算得到结果的情况可以用循环来依次处理数据，最终获得结果。

6.1 while 语句

while 循环的语法格式为

```
while (表达式)
{
    循环体语句
}
后续语句
```

其中，表达式建议是关系或逻辑表达式，也可以是其他任意表达式。

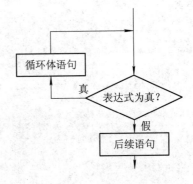

while 的运行规则是：运行到 while 后，判断表达式为真还是假(对于任意表达式，非 0 为真，0 为假)，如果表达式为真，则执行循环体语句；循环体语句执行结束后，再次判断表达式为真还是假，直到某次表达式为假后，执行后续语句。对于 while 循环，有可能一次循环体语句都不做(第一次表达式即为假)。while 语句的执行流程图如图 6-1 所示。

图 6-1 while 语句执行流程图

在使用 while 循环时，若循环体语句中只有一条语句，则可以不加复合括号{}。

另外需要注意的是，while(表达式)后面不能加分号，如果有分号则表示循环体语句是空语句，会出现死循环(与 if-else 类似)。

例 6-1 计算 5!。

程序代码如下：

```c
#include <stdio.h>
int main(void)
{
    int factor=1, i = 1;
    while (i <= 5)
    {
```

```
        factor = factor * i;
        i++;
    }
    printf("5!=%d\n", factor);
    return 0;
}
```

程序运行结果如图 6-2 所示。

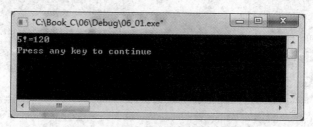

图 6-2   例 6-1 程序运行结果

在使用 while 循环的时需要注意一些事项：首先，while 循环后的循环体语句建议加复合括号，若不加则循环体只有一条语句(即到第一个分号为止)，容易产生死循环；其次，在循环体内应该有让循环可以结束的语句(让表达式变假)。

6.2   do-while 语句

do-while 循环的语法结构为

```
    do
    {
        循环体语句
    } while (表达式);
    后续语句
```

do-while 的执行规则是：先做一遍循环体语句，再判断表达式为真还是为假，为真就继续执行循环体，为假则退出循环执行后续语句。do-while 循环的循环体语句至少会被执行一次。循环体语句只有一条语句时可以不加复合括号{}。

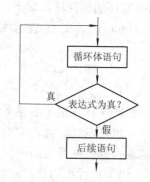

图 6-3   do-while 循环结构流程图

另外需要注意，do-while 循环最后的}while(表达式);必须打分号，这是 do-while 的语法结构，没有分号会报语法错误。循环体语句有多条时必须加复合括号，否则会报 "do 找不到匹配的 while" 错误。其流程图如图 6-3 所示。

例 6-2   从键盘输入若干整数(输入 0 结束)，计算这些整数的和。

程序代码如下：

```
#include <stdio.h>
```

```c
int main(void)
{       int number;
        int sum = 0;

        do
        {
            scanf("%d", &number);
            sum += number;
        } while(number != 0);

        printf("sum=%d\n", sum);
        return 0;
}
```

程序运行结果如图 6-4 所示。

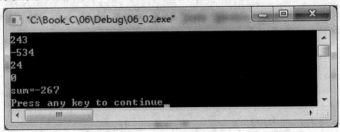

图 6-4   例 6-2 程序运行结果

6.3   for 语句

for 循环的语法格式如下:
```
for (表达式 1; 表达式 2; 表达式 3)
{
    循环体语句
}
```

表达式 1 通常用于给循环量赋初值,也可以是其他语句。表达式 2 通常是关系或逻辑表达式,也可以是任意表达式。表达式 2 为真就执行循环体语句,为假则退出循环。表达式 3 通常为修改循环量的语句,也可以是其他语句。

for 语句执行规则是:先做一次表达式 1(只做一次),再判断表达式 2 的逻辑值,为真就执行循环体语句,为假则退出循环;执行循环体语句后才做表达式 3,做了表达式 3 后再次判断表达式 2 的逻辑值……

对于 for 语句,有可能循环体语句和表达式 3 一次也不做(第 1 次判断表达式 2 逻辑值即为假)。

for 语句的执行流程图如图 6-5 所示。

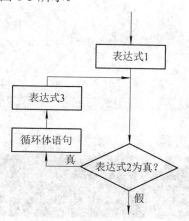

图 6-5　for 语句的执行流程图

循环体语句只有一条语句时可以不加复合括号{}。

在 for (表达式 1; 表达式 2; 表达式 3)后面不要加分号，否则分号是该 for 循环的循环体，虽然不会产生死循环，但是真正想在循环内做的事情只能在循环退出后才能做。

例6-3　从键盘输入一个正整数，判断该数是否为素数(质数)。

程序代码如下：

```c
#include <stdio.h>

int main(void)
{       int i, flag = 0;
        int number;

        printf("请输入一个正整数:");
        scanf("%d", &number);

        for (i = 2; i < number; i++)
        {
                if (number % i == 0)
                {
                        flag = 1;
                }
        }

        if (flag == 0)
        {
                printf("整数%d 是一个素数.\n", number);
        }
```

```
        else
        {
            printf("整数%d 不是一个素数.\n", number);
        }
        return 0;
    }
```

程序运行结果如图 6-6 所示。

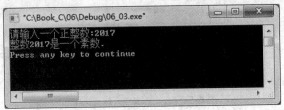

图 6-6   例 6-3 程序运行结果

该程序中的 flag 是一个标志，一开始置为 0 值。用 number 除以 2 到 number−1 的余数如果为零，就将 flag 置为 1。循环结束后，flag 如果还是 0，表示一直没有除尽；flag 如果是 1，表示中间某一次整除了(即 2 至 number−1 有一个是 number 的因子)。

6.4   嵌套循环

在之前介绍的几种循环中，里面的循环体语句还可以是循环，这样就形成了嵌套循环。其流程图如图 6-7 所示。

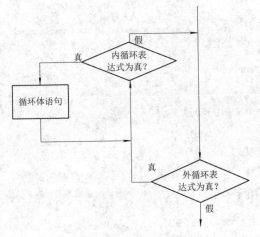

图 6-7   嵌套循环结构流程图

例 6-4   输出如下图形，其中行数由键盘输入。

```
*
**
***
****
```

```
#include <stdio.h>

int main(void)
{
    int number;
    int row, col;

    printf("请输入一个正整数:");
    scanf("%d", &number);

    for (row = 1; row <= number; row++)
    {
        for (col = 1; col <= row; col++)
        {
            printf("*");
        }
        printf("\n");
    }

    return 0;
}
```

程序运行结果如图 6-8 所示。

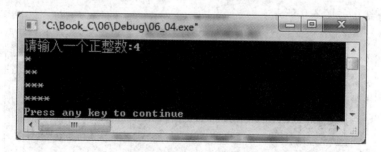

图 6-8   例 6-4 程序运行结果

对于这类有规律的图形，需要寻找规律关系，即行与列的关系。row 用于控制行数，即 row 为 1 时输出第一行，row 为 2 时输出第二行……row 为 number 时输出第 n 行。col 用于控制列数，即第 k 行有多少列，此三角形第 k 行有 k 列，故循环 k 次(k 由 row 确定)，每次输出一个"*"符号。每行的"*"输出完成后，还需要在每行的最后输出一个换行符"\n"。

例 6-5   输出所有整数直角三角形的边长(边长小于等于 50)。

程序代码如下：

```
#include <stdio.h>
```

```
int main(void)
{
    int side1, side2, hypotenuse;

    printf("%-8s%-8s%-8s\n", "side1", "side2", "hypo");
    for (side1 = 1; side1 <= 50; side1++)
    {
        for (side2 = side1; side2 <= 50; side2++)
        {
            for (hypotenuse = side2; hypotenuse <= 50; hypotenuse++)
            {
                if (side1 * side1 + side2 * side2 == hypotenuse * hypotenuse)
                {
                    printf("%-8d%-8d%-8d\n", side1, side2, hypotenuse);
                }
            }
        }
    }

    return 0;
}
```

程序运行结果如图 6-9 所示。

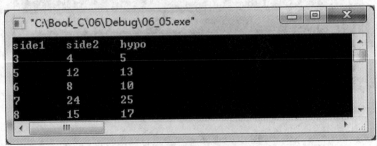

图 6-9 例 6-5 程序运行结果

若没有更好的算法得到结果时，则可以考虑用穷举(循环)方法对所有数据进行测试。比如本题，首先对三条边都进行循环，然后测试并输出符合条件的整数直角三角形的边长。

在使用嵌套循环时，要注意和串行循环进行区分。例如：

代码段 A：

```
count = 0;
for (i = 1; i <=100; i++)
    for (j = 1; j<= 100; j++)
```

```
            count++;
```
代码段 B：
```
    count = 0;
    for (i = 1; i<=100; i++)
        count++;
    for (j = 1; j <= 100; j++)
        count++;
```
其中，代码段 A 中的 count++ 要做 100 × 100 次，共 10 000 次，代码段结束后 count 内的值为 10 000；而代码段 B 中第一个 count++ 做 100 次，第二个 count++ 做 100 次，代码段结束后 count 内的值为 200。最好使用复合语句的"{"和"}"符号标识出循环体的范围，可以很清楚地了解是否为嵌套循环。其中代码段 B 的流程图如图 6-10 所示。

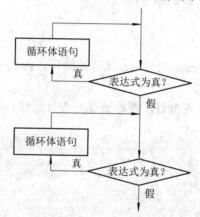

图 6-10　串行循环结构流程图

另外，在使用嵌套循环时，一定要注意嵌套循环的效率。

代码段如下：
```
    number = 0;
    for (i = 1; i <= 10000; i++)
    {
        for (j = 1; j <= 20000; j++)
        {
            for (k = 1; k <=10000; k++)
            {
                number++;
            }
        }
    }
```
该类程序的运行时间很长，很像是死循环，其实不然。由于每一个赋值或比较都要开销时间(i=1，i<=1000，i++等)，当这些指令达到一定数量级后，程序就无法在短时间内运算完成。

一个由英文大小写、数字、符号组成的 8 位密码，使用暴力破解可能需要花若干年时间。假设每个密码测试时间为 1μs，英文大、小写共 52 个字符，数字共 10 个字符，其他符号共 32 个(不含空格)，则总密码个数为 94^8，共 6 095 689 385 410 816 种可能，全部测试完需要约 193 年。如果只使用小写字母加数字，则密码个数为 36^8，共 2 821 109 907 456 种可能，全部测试完需要约 32 天。如果只使用数字，则密码个数为 10^8，共 100 000 000 种可能，全部测试完只需要 100 秒。

6.5　break 语句和 continue 语句

在使用循环时，经常需要快速跳过部分循环体语句或快速退出循环。此时就需要使用修改循环流程的 break 和 continue 语句了。

6.5.1　break 语句

break 语句仅用于 switch-case 语句组，或者是循环体内。在循环中 break 用于终止该语句所在层的循环。

例 6-6　从键盘输入一个正整数，判断该数是否为素数。

程序代码如下：

```c
#include <stdio.h>
#include <math.h>

int main(void)
{
    int i, flag = 0;
    int number, nsqr;

    printf("请输入一个正整数:");
    scanf("%d", &number);

    nsqr = (int)sqrt(number);
    for (i = 2; i <= nsqr; i++)
    {
        if (number % i == 0)
        {
            break;
        }
    }

    if (i > nsqr)
```

```
        {
            printf("整数%d 是一个素数.\n", number);
        }
        else
        {
            printf("整数%d 不是一个素数.\n", number);
        }
        return 0;
    }
```

程序运行结果如图 6-11 所示。

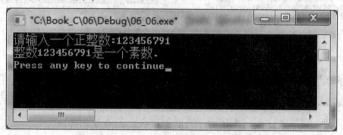

图 6-11　例 6-6 程序运行结果

　　例 6-3 的代码已经找到可以整除 number 的数，但还在继续循环。本程序在找到第一个可以整除 number 的数后就用 break 退出了循环，对于非素数的判断少做了一些循环。另外，对于除数只需要测试到 number 的平方根即可，可以有效减少素数的判断循环次数。

　　对于循环结构，如果始终使用 F10 功能键按行调试会很慢，此时可以使用 F9 功能键加断点，然后用 F5 运行到断点处的方法调试，效果会很好。例如例 6-6 的程序，循环的结果已经基本了解，但想查看循环结束后各变量的值(或者后面的代码想单步调试)，可以单击循环后的第一条语句(光标闪烁)，然后加断点(按 F9)，如图 6-12 所示。

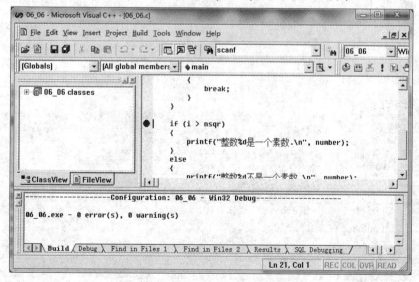

图 6-12　加断点后的 VC 环境界面

此时按 F5 执行，从键盘上输入数值后，在断点处会暂停，如图 6-13 所示。

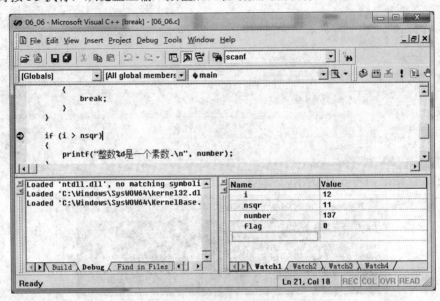

图 6-13　使用 F5 功能键运行到断点处的界面

在 Watch 窗口里面添加想看的变量或表达式，就可以看到程序执行到此处时的相关信息。

6.5.2　continue 语句

continue 语句只能用于循环结构，该语句的功能是跳过循环体内语句，直接去做循环判断相关语句。

例 6-7　输入行数，输出如下规律的图形。

```
        *
       * *
      *   *
     *     *
    *       *
```

程序代码如下：

```c
#include <stdio.h>

int main(void)
{
    int i, j;
    int number;

    printf("请输入行数：");
    scanf("%d", &number);
```

```
    for (i = 1; i <= number; i++)
    {
        for (j = 1; j <= number - i; j++)
        {
            printf(" ");
        }
        printf("*");
        if (i == 1)
        {
            printf("\n");
            continue;
        }
        for (j = 1; j <= 2*i-3; j++)
        {
            printf(" ");
        }
        printf("*");
        printf("\n");
    }
    return 0;
}
```

程序运行结果如图 6-14 所示。

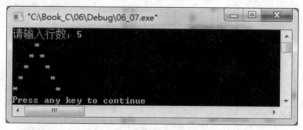

图 6-14　例 6-7 程序运行结果

在使用 continue 时，注意不同的循环框架效果不同。对于 while 和 do-while 循环，continue 会直接跳转到 while，判断 while 后面表达式的真假值后再决定是否进行循环操作。而对于 for 循环，会跳转到 for 语句的第三个表达式，执行后再对第二个表达式判断真假。

如使用 while 的程序段：

```
i=1;
while (i <= 10)
{
    if (i%2==0)
        continue;
```

```
        printf("%d\n", i);
        i++;
    }
```

该程序段会产生死循环，因为当 i 为 2 时，if 条件判断为真，执行 continue 语句，跳过循环体，执行 i<=10 的判断，为真；再进行 if 条件判断……该 continue 会跳过让 i 变为 11 的 i++ 语句而造成死循环。

如使用 for 的程序段：

```
    for (i =1; i< 10;i++)
    {
        if (i%2==0) continue;
        printf("%d\n", i);
    }
```

该程序段则能正常完成，输出 i 余 2 不为 0 值的奇数。

6.6　goto 语句

由于 goto 关键字是强制跳转语句，很容易破坏过程化程序的过程，因此一般不建议使用。在实际工作中经常会用前向 goto 进行跳转。前向 goto 指使用该关键字跳转到程序主流程的后面(符合流程顺序)，这样不损害程序流程。其流程图如图 6-15 所示。

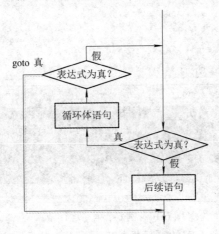

图 6-15　前向 goto 的流程图

例 6-8　鸡兔同笼，共 m 个头，n 只脚，鸡、兔各几只？m 和 n 的值由键盘输入。
程序代码如下：

```
    #include <stdio.h>


    int main(void)
    {
        int heads, feet;
        int chick, rabbit;
```

```
            printf("请输入头的个数：");
            scanf("%d", &heads);
            printf("请输入脚的个数：");
            scanf("%d", &feet);

            for (chick = 0; chick <= heads; chick++)
            {
                    for (rabbit = 0; rabbit <= heads; rabbit++)
                    {
                            if (chick + rabbit == heads && chick * 2 + rabbit * 4 == feet)
                            {
                                    goto result;
                            }
                    }
            }
            printf("无解！\n");
            goto end;
    result:
            if (rabbit <= heads)
            {
                    printf("鸡有%d 只，兔有%d 只。\n", chick, rabbit);
            }
    end:
            return 0;
    }
```

程序运行结果如图 6-16、图 6-17 所示。

图 6-16　例 6-8 程序运行结果一

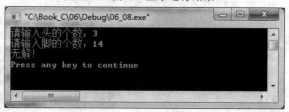

图 6-17　例 6-8 程序运行结果二

6.7 循环程序举例

例 6-9 凯撒密码(移位)加密。

凯撒密码是一种古老的加密方法。凯撒大帝在行军打仗时为了保证自己的命令不被敌军知道，就使用该方法进行通信，以确保信息传递的安全性。它的加密规则是字母与字母之间的替换。例如，26 个字母都向后移动 K 位，若 K 等于 2，则 A 用 C 代替，B 用 D 代替，以此类推。

ABCDEFGHIJKLMNOPQRSTUVWXYZ

CDEFGHIJKLMNOPQRSTUVWXYZAB

若明文(原始数据)为 GOOD，则秘文(加密后数据)为 IQQF。

程序代码如下：

```c
#include <stdio.h>

int main(void)
{
    char ch;
    int key;

    printf("输入移位值: ");
    scanf("%d", &key);
    getchar();   //清除留在缓冲区的\n 字符

    printf("输入明文: ");
    ch = getchar();
    printf("密文为: ");
    while (ch != '\n')
    {
        printf("%c", (ch - 'A' + key) % 26 + 'A');
        ch = getchar();
    }
    printf("\n");
    return 0;
}
```

程序运行结果如图 6-18 所示。

由于该算法使用字符的 ASCII 码值进行变换，而大小写字符的 ASCII 码值不同，因此，如果需要对小写字符也加密，则需要修改源程序。

图 6-18　例 6-9 程序运行结果

例 6-10 对字符串进行加密。英文大小写移位、数字移位，其他字符不变。
程序代码如下：

```c
#include <stdio.h>

int main(void)
{
    char ch;
    int key;

    printf("输入移位值：");
    scanf("%d", &key);
    getchar();  //清除留在缓冲区的\n 字符

    printf("输入明文：");
    ch = getchar();
    printf("密文为：");
    while (ch != '\n')
    {
        if (ch >= 'A' && ch <= 'Z')
        {
            printf("%c", (ch - 'A' + key) % 26 + 'A');
        }
        else if (ch >= 'a' && ch <= 'z')
        {
            printf("%c", (ch - 'a' + key) % 26 + 'a');
        }
        else if (ch >= '0' && ch <= '9')
        {
            printf("%c", (ch - '0' + key) % 10 + '0');
        }
        else
        {
            printf("%c", ch);
        }
        ch = getchar();
    }
    printf("\n");
    return 0;
}
```

程序运行结果如图 6-19 所示。

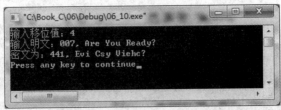

图 6-19　例 6-10 程序运行结果

例 6-11　凯撒密码解密，根据 K 值和密文还原明文。

程序代码如下：

```c
#include <stdio.h>

int main(void)
{
    char ch;
    int key;

    printf("输入移位值：");
    scanf("%d", &key);
    fflush(stdin);

    printf("输入密文：");
    ch = getchar();
    printf("明文为：");
    while (ch != '\n')
    {
        if (ch >= 'A' && ch <= 'Z')
        {
            printf("%c", (ch - 'A' - key + 26) % 26 + 'A');
        }
        else if (ch >= 'a' && ch <= 'z')
        {
            printf("%c", (ch - 'a' - key + 26) % 26 + 'a');
        }
        else if (ch >= '0' && ch <= '9')
        {
            printf("%c", (ch - '0' - key + 10) % 10 + '0');
        }
        else
```

```
            {
                printf("%c", ch);
            }
            ch = getchar();
        }
        printf("\n");
        return 0;
    }
```

程序运行结果如图 6-20 所示。

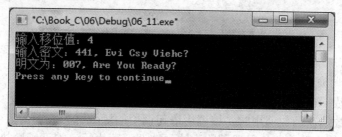

图 6-20　例 6-11 程序运行结果

习　题

6.1　输出 10 000～30 000 中能同时被 3、5、7、23 整除的数及个数。

6.2　输出 1～999 中能被 3 整除且至少有位数字是 5 的所有整数及其个数。

6.3　从键盘输入两个正整数 m 和 n，找出它们的最大公约数和最小公倍数。

6.4　输出九九乘法表。

6.5　根据 n 值(不超过 26)，在屏幕上显示如下图形(当 n=5 时)：

6.6　36 块砖，36 人搬，男搬 4、女搬 3、两个小儿抬一砖，求一次全搬完，男、女、小儿各几人，共有几组解。

6.7　求具有 abcd=(ab+cd)^2 性质的全部 4 位数，并统计符合条件的 4 位数的个数。

6.8　有不等式 1!+2!+…+m!<n，输入 n 值，输出满足该不等式的 m 的整数解。

第 6 章习题参考答案

第 7 章 函数框架及语法

函数用于模块化程序设计时，可以将一个很大的程序分为很多小部分的程序。在完成函数部分程序时，其功能单一，代码行较少，容易理解与阅读，便于开发较大型程序。

7.1 函数相关术语及执行流程

在使用函数时有一些函数术语及概念需要明确。

(1) 主调函数：在函数调用时，该调用发生所在的函数称为主调函数。

(2) 被调函数：在函数调用时，该调用语句调用的函数称为被调函数。

程序在调用函数时，会从主调函数跳转到被调函数执行，被调函数执行完成后，会返回到主调函数继续执行。

(3) 函数的定义：指函数功能的确立，即从函数首部开始以函数体结束的代码段。

(4) 函数的声明：也叫函数原型，告知编译器需要使用的函数的情况。在某些情况中可以不进行函数声明，如主调函数在被调函数之后。

(5) 实参：在调用函数时，函数括号中的列表数据称为实参，程序运行到该处时，该列表肯定是有数据的。

(6) 形参：在函数定义时，写在函数首部括号中的列表数据称为形参；在函数调用发生时会分配内存空间给形参，然后将实参的数据复制一份到形参的内存空间里。

(7) 函数的类型：函数定义时写在函数名称前面的类型，指该函数执行完成后返回的数据类型。

(8) 函数的返回值：函数定义时若有非 void 类型，则需要在函数执行后使用 "return 表达式;" 将表达式的值按函数类型返回给主调函数，若在函数内遇到 return 语句，则会返回。

例 7-1 程序整体框架及其执行流程。

```
#include <stdio.h>

void fun1(int x);        /*函数声明，告知编译器后面会用到一个 fun1 的函数，该函数有一个整型
形参，该函数没有返回值*/
double fun2(int n);/*函数声明，该函数需要一个整型参数，返回一个双精度值*/


/*到下一个空行前为 main 函数定义，可以完成某种功能的代码*/
int main(void)           /*本函数类型为 int*/
{
    代码段 A
```

```
    fun1(var);      /*调用函数，其中 main 为主调函数，fun1 为被调函数，程序流程跳转到 fun1
函数，var 为实参，其变量值传递给 fun1 函数的形参 x*/
    代码段 B
}


/*到下一个空行前为 fun1 函数定义，可以完成某种功能的代码*/
void fun1(int x)        /*本函数类型为 void */
{
    代码段 C
    y = fun2(x+5);   /*调用函数，fun1 为主调函数，fun2 为被调函数，程序流程跳转到 fun2，表达
式 x+5 为实参，计算出的值传递给 fun2 函数的形参 n，fun2 的返回值赋值给 y*/
    代码段 D
}


/*到最后一个}为 fun2 函数定义，可以完成某种功能的代码*/
double fun2(int n)        /*本函数类型为 double*/
{
    代码段 E
    return z;        /*函数的返回值，如果 z 的数据类型不同于函数类型，则按照函数类型转换*/
}
```

该程序的执行流程：从 main(主函数)开始，执行代码段 A，调用 fun1 函数(同时传递实参到形参)，执行代码段 C，调用 fun2 函数(同时传递参数)，执行代码段 E，fun2 函数返回(带回返回值 z)，在 fun1 中 y 获得返回值 z(如果 z 的类型与 y 不同，按照 y 的类型转换)，执行代码段 D，fun1 函数返回(不返回值)，在 main 函数中继续执行代码段 B。其执行流程图如图 7-1 所示。

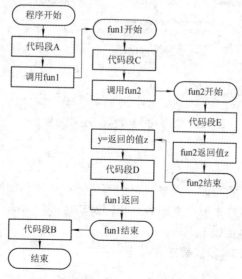

图 7-1 例 7-1 程序框架执行流程图

7.2 函数的分类

一般地，使用的函数主要分为库函数和自定义函数；另外，也可以按照函数首部描述，将函数分为无返回值函数和无参函数。

7.2.1 库函数

库函数是由编译器提供的已经可以完成某种特定功能的函数。使用库函数需要知道该库函数的函数名称，函数的返回类型和函数形参的类型、个数以及顺序(即函数原型)。另外在使用库函数时还需要知道该库函数是在哪个头文件里面声明的，需要用预处理命令将该头文件包含进来。系统安装了 MSDN 以后，就可以查询库函数的函数原型等信息。例如，在查询 sqrt 函数时，可以查询到 sqrt 函数功能、函数原型和所需要的头文件，如图 7-2 所示。

sqrt

Calculates the square root.

double sqrt(double *x*);

Routine	Required Header
sqrt	<math.h>

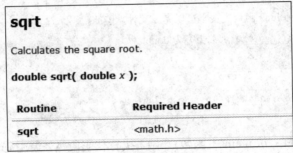

图 7-2　查询所得 sqrt 函数的信息

还可以在查询到的页面里查看对该函数的详细描述，如函数返回值、函数参数要求、备注和示例等，如图 7-3 所示。

Return Value

The **sqrt** function returns the square-root of *x*. If *x* is negative, **sqrt** returns an indefinite (same as a quiet NaN). You can modify error handling with _matherr.

Parameter

x

Nonnegative floating-point value

图 7-3　查询 sqrt 函数返回值和参数要求

7.2.2 自定义函数

对于编译器没有提供的功能，需要自己编写能够完成该功能的函数，称此类函数为自定义函数。自定义函数需要自己定义函数名称，对函数进行声明，然后就可以调用了。

自定义函数的语法格式如下：

```
函数类型　函数名称(函数形式参数表)
{
```

```
        数据定义；
        执行代码；
    }
```
例 7-2 自定义一个函数，其功能是判断一个数是否为素数。

程序代码如下：

```
int isprime(int number)
{
    int i;

    for (i = 2; i < number; i++)
    {
        if (number % i == 0)
        {
            return 0;
        }
    }
    if (i == number)
    {
        return 1;
    }
    else
    {
        return -1;
    }
}
```

例 7-2 程序中函数的名称是 isprime。该函数只有一个整型形参，该函数类型是整型(即函数的返回值是整型)。该函数的形参是需要判断的整数。通过该函数内的运算，如果 number 能被 2 至 number−1 的数整除，则函数返回 0 值；如果 number 值小于等于 1，则函数返回−1 值，否则返回 1 值。因此，如果调用该函数的值为 1，则表示 number 是素数。

函数类型表示该函数返回值的数据类型，与数学函数 $z=f(x,y)=x^2+\sqrt{y}$ 相对照。函数类型就像数学函数的值域，即该函数能得到的结果数据类型。函数的形参就像数学函数的定义域，表示可以使用的数据类型。函数名称需要遵循标识符命名规则，建议函数名称能反映函数的功能。函数体就是该函数完成具体功能的变量定义和执行代码。

7.2.3 无返回值函数

无返回值函数表明该函数进行某些操作，不直接返回值给主调函数。其函数首部为

    void 函数名称(函数形参表)

该函数的函数类型为 void，表示该函数不返回值。该函数可以没有 return 语句，当遇

函数体的"}"符号时返回主调函数。若函数内有 return 语句,则 return 语句后面需要直接跟分号,不能跟值或表达式。

无返回值函数通常在函数内部直接处理数据或显示一些数据来完成特定功能。在学习指针后可以知道,无返回值函数也可以通过形参来返回值。

如库函数 srand 就是一个无返回值的函数,使用 MSDN 查询可以看到该函数的信息,如图 7-4 所示。

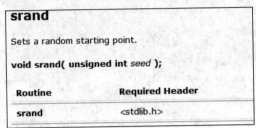

图 7-4　查询所得 srand 函数的信息

7.2.4　无参函数

无参函数的函数首部为

　　　　函数类型　函数名称(void)

该函数表示不需要参数传入。函数内直接进行一些操作或直接显示一些信息。对于无参函数,也可以缺省 void 关键字,如主函数的函数首部可以直接写为 int main()。

库函数 rand 就是一个无参函数。使用 MSDN 查询可以看到该函数的信息,如图 7-5 所示。

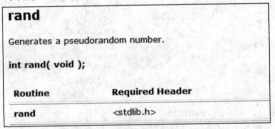

图 7-5　查询所得 rand 函数的信息

7.3　函数的调用

7.3.1　对被调用函数的声明

函数声明也叫函数原型,用来告知编译器程序当中需要使用的函数名称,该函数的返回类型,该函数的参数个数、类型和顺序等。若没有函数声明,则主调函数在被调函数前因无法判断被调函数的相关情况而可能会报错。

函数声明可以放在函数内,也可以放在函数外。两者之间的区别是:在函数内声明的函数,只有这个函数可以调用该声明过的函数,其他函数是不可以调用的(因为其他函数内没有被调用的函数声明);放在函数外声明,则函数声明之后的所有函数均可以调用该声明的函数。通常函数声明放置在程序的最开始位置。

库函数的函数声明是包含在头文件中的，只有将相关头文件包含在代码中，才可以使用相关函数。因此查看相关的头文件，可以找到库函数的函数声明。

自定义的函数声明可以简单地将函数定义的首部复制后加上分号。例如，之前的自定义函数 isprime 的函数声明如下：

```
int isprime(int number);
```

其中，形参变量名称 number 可以缺省。对于函数声明而言，最重要的是函数名称，函数返回数据类型，函数参数的个数、顺序及数据类型。所以，该函数也可以声明如下：

```
int isprime(int);
```

7.3.2 函数调用及调用格式

函数在调用的时候，会将数据从实参传递给形参。这里，实参是指程序运行到函数调用时，函数自变量所具有的特定数据。在调用函数时，会为函数的形参变量分配内存空间，并将实参的数据复制一份在形参的内存空间里。例如 sqrt(4)，在调用 sqrt 时，4 是实参，会传递给形参。当实参数据类型和形参变量数据类型不同时，会按形参数据类型转换或报错。对于数值类型而言，当形参变量精度高于实参时会自动转换，否则会报警。形参和实参如果分别为数值类型、指针类型、结构体类型等，则大部分情况会报错。一般使用强制转换使形参和实参数据类型完全一致。

当 x=sqrt(4);函数调用结束时，会将函数的返回值传回给主调函数，该函数就像是一个表达式的值，该值可以直接被引用、赋值和输出等。当函数类型与 return 后面表达式的类型不一致时，会按照函数类型转换或报错。一般地，使用强制转换使 return 后面表达式的值与函数类型完全一致。

对于无返回值函数，直接调用即可，如 srand(0);。对于无参函数，调用时不带参数，如 x=rand();。

例 7-3 输入一个数，判断该数是否为素数。

程序代码如下：

```
#include <stdio.h>
#include <math.h>

int isprime(int number);        //函数声明

int main(void)
{
    int number;
    printf("请输入一个正整数：");
    scanf("%d", &number);

    if (isprime(number) == 1)        //函数调用
    {
```

```
                printf("%d 是一个素数。\n", number);
        }
        else
        {
                printf("%d 不是一个素数。\n", number);
        }
        return 0;
}


//函数定义
int isprime(int number)
{
        int i;
        int nsqr;

        nsqr = (int)sqrt(number);
        for (i = 2; i <= nsqr; i++)
        {
                if (number % i == 0)
                {
                        return 0;
                }
        }
        if (i == nsqr + 1)
        {
                return 1;
        }
        else
        {
                return -1;
        }
}
```

程序运行结果如图 7-6 所示。

图 7-6   例 7-3 程序运行结果

该程序将函数调用后返回的值直接和 1 进行比较，是 1 则表示实参 number 是素数。

对于自定义函数，如果希望调试函数内代码，则可以使用F11功能键进入自定义函数(使用 F10 功能键不进入函数)。调用 isprime 函数之前的界面如图 7-7 所示。

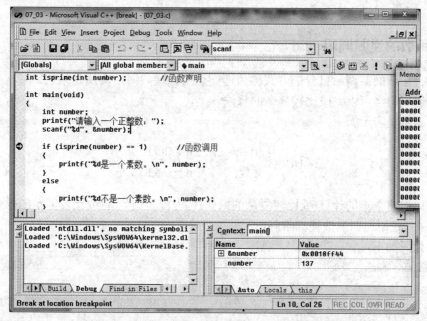

图 7-7　调用自定义函数 isprime 前的调试界面

从图 7-7 中可以看到，number 变量的值是 137，其地址是 0x0018ff44，实参的值是 137。按 F11 键调试后，界面如图 7-8 所示。

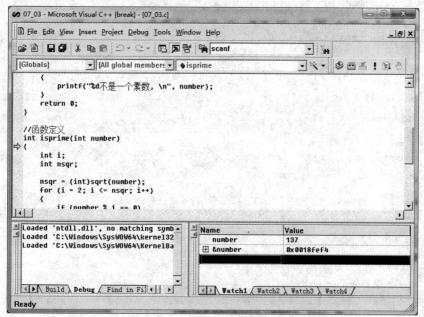

图 7-8　调用自定义函数 isprime 后的调试界面

图 7-8 中形参 number 的值也是 137，但是其地址是 0x0018fef4，即实参变量可以与形参变量同名，但占用的是不同的内存地址。在调用函数时，先给形参变量分配内存地址，然后将实参的值复制到形参内存里面。此时，修改形参变量的值不会影响实参变量。

函数只能不返回值或只返回一个值，如果希望函数调用后获得多个数据，则可以使用指针变量或全局变量实现。

7.3.3 函数的递归调用

函数直接或间接调用自身的方式称为递归调用。递归调用实质是采用一种栈结构完成的。递归运用得当可以完成比较复杂的算法。

递归的数学表示如下：

$$f(n) = \begin{cases} g(f(n-1)), & n > 0或1 \\ 常数, & n = 0或1（较小） \end{cases}$$

递归可以将很难的计算(或比较复杂的操作)化为较易的计算(或比较简单的操作)。

例 7-4 使用递归函数计算阶乘。

程序代码如下：

```c
#include <stdio.h>

int factor(int n);

int main()
{
    int number = 10;

    printf("%d\n", factor(10));
    return 0;
}

int factor(int n)
{
    if (n == 0 || n == 1)
    {
        return n;
    }
    else
    {
        return n * factor(n-1);
    }
}
```

程序运行结果如图 7-9 所示。

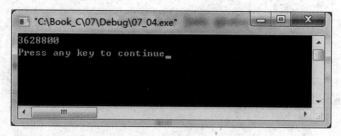

图 7-9　例 7-4 程序运行结果

例 7-5　汉诺塔(Hanoi)问题。

汉诺塔来源于印度的一个传说，上帝创造世界时做了三根金刚石柱子，在一根柱子上从下往上按大小顺序摆着 64 片黄金圆盘。上帝命令婆罗门把圆盘从下面开始按大小顺序重新摆放在另一根柱子上。并且规定，在小圆盘上不能放大圆盘，在三根柱子之间一次只能移动一个圆盘，如图 7-10 所示。

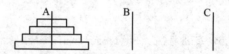

图 7-10　汉诺塔问题的初始状态

将该问题用递归的思路整理一下。设一共有 n 个盘子，先将 n–1 个盘子从 A 柱通过 C 柱移动到 B 柱上，然后将一个盘子直接从 A 柱移动到 C 柱上，再将 n–1 个盘子从 B 柱通过 A 柱移动到 C 柱上。该递归过程如图 7-11 所示。

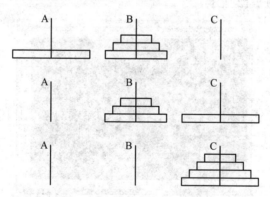

图 7-11　汉诺塔问题的递归思路

程序代码如下：

```c
#include <stdio.h>

int hanio(int n, char x, char y, char z, int cnt);

int main(void)
{
    int cnt = 0;
```

```
        cnt = hanio(4, 'A', 'B', 'C', cnt);
        return 0;
    }


int hanio(int n, char x, char y, char z, int cnt)
{   if (n == 1)
    {
        cnt++;
        printf("第%d 步:编号%d:%c---->%c\n", cnt, n, x, z);
        return cnt;
    }
    else
    {
        cnt = hanio(n-1, x, z, y, cnt);
        cnt++;
        printf("第%d 步:编号%d:%c---->%c\n", cnt, n, x, z);
        cnt = hanio(n-1, y, x, z, cnt);
        return cnt;
    }
}
```

程序运行结果如图 7-12 所示。

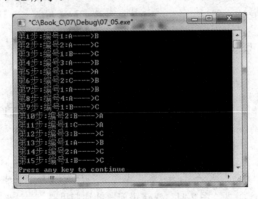

图 7-12　例 7-5 程序运行结果

7.4　局部变量和全局变量

7.4.1　局部变量

　　程序中被大括号括起来的区域称为代码块。变量的作用域规则是：每个变量仅在定义它的代码块中有效，并且拥有自己的存储空间。

在函数内部或复合语句中定义的变量只在该函数内(或复合语句中)有作用，一旦退出函数(或复合语句括号)，则该变量的存储空间会释放。在调用其他函数时，局部变量不可在其他函数里面直接使用。主函数中定义的变量也只在主函数中有效。主函数不能使用其他函数定义的变量。形参是局部变量。不同函数中可以使用相同名字的变量。

7.4.2 全局变量

定义在函数外的变量称为全局变量，其有效范围从定义变量的位置开始到文件结束。在一个函数中既可以使用本函数的局部变量，也可以使用有效的全局变量。函数与函数之间的联系被称为耦合。因此，设置全局变量后可以提高函数间的耦合度。

例 7-6 从键盘输入 10 个数，输出其中最小和最大的数。

程序代码如下：

```c
#include <stdio.h>

void fun(void);

double min, max;        //全局变量

int main(void)
{
        fun();
        printf("最小数是%f，最大数是%f。\n", min, max);
        return 0;
}

void fun(void)
{       int i;
        double temp;

        printf("请输入 10 个数：\n");
        scanf("%lf", &min);
        max = min;

        for (i = 1; i <= 9; i++)
        {
                scanf("%lf", &temp);
                if (temp > max)
                {
                        max = temp;
```

```
                }
            if (temp < min)
            {
                min = temp;
            }
        }
    }
```

程序运行结果如图 7-13 所示。

图 7-13   例 7-6 程序运行结果

在软件工程中应该尽量降低函数之间的耦合度，即尽量少使用全局变量。如果希望从被调函数返回多个值，可以在学习了指针以后通过指针返回。

7.5   变量的存储类别

7.5.1   动态存储方式与静态存储方式

变量的存储类型是指编译器为变量分配内存的方式，分为动态存储变量和静态存储变量。动态存储变量是执行到代码块时动态地为变量分配内存，退出代码块时会释放变量所占内存空间。静态存储变量是在编译时为变量分配存储空间并初始化，程序执行时不再分配、初始化和释放，并且在代码块中的存储变量会保留原值。

7.5.2   auto 变量

局部变量也称为自动变量，由于经常使用，也被设计为缺省的存储类型，即 auto 可以省略。其定义格式为

　　　　auto 数据类型 变量名;

由于可以缺省 auto，前面所有章节代码中使用的局部变量都是 auto 存储类型。自动变量是指在进入代码块时自动申请内存，退出代码块时自动释放内存的变量。局部变量仅能由代码块内的语句访问，退出代码块后不能访问。在不同函数(不同代码块)内可以定义同名变量。定义的同名变量不会互相干扰，各自占用不同的内存单元，且各自作用域不同。

7.5.3   用 static 声明的变量

使用 static 关键字可以声明静态变量，其格式为

　　　　static 数据类型 变量名;

静态局部变量是定义在代码块内的变量。未赋初值的静态局部变量会直接初始化为

0 值。

例 7-7 使用静态局部变量计算阶乘。

```
#include <stdio.h>

int fac(int number);

int main(void)
{
        int i;
        for (i = 1; i <= 10; i++)
        {
                printf("%2d! = %7d\n", i, fac(i));
        }
        return 0;
}

int fac(int number)
{
        static int p = 1;
        p = p * number;
        return p;
}
```

程序运行结果如图 7-14 所示。

图 7-14　例 7-7 程序运行结果

静态全局变量是定义在函数外的。没有加存储类别说明的全局变量均为静态变量。使用 static 声明的静态全局变量不能被项目中其他文件访问。

7.5.4　用 extern 声明的外部变量

如果需要多个文件共同使用一个全局变量,则需要在其中一个文件中定义全局变量(不加 static 声明)。在需要引用该变量的其他文件中,用 extern 声明需要明确引用的其他文件的变量即可。不同文件使用同名变量,根据声明不同内存使用也不同。详细情况见表 7-1。

表 7-1 不同文件使用同名变量的情况

A 文件声明全局类型	B 文件声明全局类型	变量的使用情况
int num1;	int num1;	使用相同存储空间
int num1;	double num1;	使用相同存储空间,但数据处理会混乱
int num1;	extern int num1	使用相同存储空间
static int num1;	extern int num1	链接时报错
static int num1;	static int num1;	使用不同存储空间(两个同名变量)
extern int num1;	extern int num1;	链接时报错

例 7-8 使用 extern 声明全局变量。

程序代码如下:

```
//文件 07_08.c
#include <stdio.h>
void fun();
static int num1;
int num2;
int num3;

int main(void)
{
        num1 = 5;
        num2 = 6;
        num3 = 7;
        printf("main:num1=%d,num2=%d,num3=%d\n", num1, num2, num3);
        fun();
        printf("main:num1=%d,num2=%d,num3=%d\n", num1, num2, num3);
        return 0;
}

//文件 07_08_1.c
#include <stdio.h>
static int num1;
extern int num2;
int num3;

void fun()
{
```

```
        num1 = 9;
        num2 = 10;
        num3 = 11;
        printf("fun:num1=%d,num2=%d,num3=%d\n", num1, num2, num3);
    }
```

该程序是两个文件组成的项目，可以先编写其中一个(如 07_08.c)，然后编译创建项目工作区。在"FileView"区域可以看到该项目的文件情况，如图 7-15 所示。

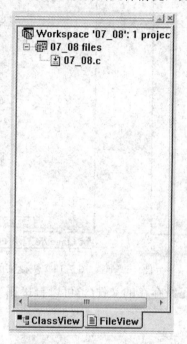

图 7-15　项目工作区界面

不关闭之前的项目文件，然后再编写另一个新的源程序(如 07_08_1.c)。在对新源程序编译时，会询问是否将新文件加入到当前项目中，如图 7-16 所示。

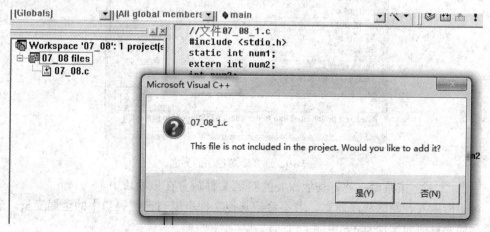

图 7-16　添加新源程序到项目工作区

在弹出的对话框中,选择"是"按钮,可以将新文件增加到该项目中,如图 7-17 所示。

另一个编译多文件的方法是在单文件创建了项目工作区后,使用鼠标右键单击项目文件(如 07_08 files),在弹出的菜单中选择"Add Files to Project..."命令,如图 7-18 所示。

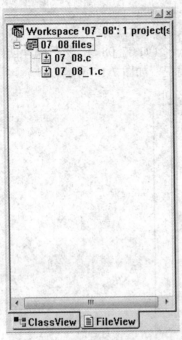

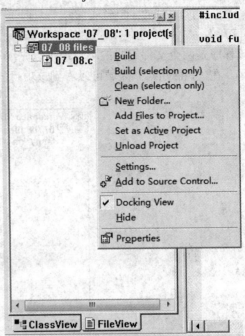

图 7-17　添加两个文件的项目界面　　　　图 7-18　快捷菜单添加新源程序的界面

在弹出的对话框中选择已经存在的文件(也可以直接在文件名文本框中输入新的源程序文件名),如图 7-19 所示。

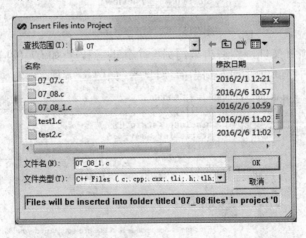

图 7-19　选择新源程序的界面

单击"OK"按钮后,就将其他需要的 C 源文件放置在该项目中了。

对于由多人开发的程序而言,若不希望其他文件引用自己代码当中的全局变量,建议在该全局变量前面增加 static 声明。

7.5.5 关于变量的声明和定义

声明是指将某些信息告知编译器，定义是指分配内存空间存放相应数据。例如，static int num;中 int 是定义变量关键字，static 是声明关键字。int 会分配 4 字节(VC)空间存放整型数据并将该内存与 num 关联起来。static 声明该变量是静态的，若为局部静态则在程序执行全程不释放内存空间，若为全局静态则不允许其他文件使用该变量。

int fun(int x);是声明函数，告知编译器程序中有函数 fun 的基本情况。

int fun(int x){…}是定义函数，程序执行时会将该段程序转换为机器码存放到内存。

在例 7-8 中使用调试跟踪时，观察变量区域输入函数名称，可以看到函数在内存的存放区域，如图 7-20 所示。

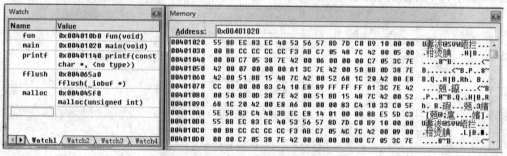

图 7-20　Watch 窗口和 Memory 窗口界面

图 7-20 中，左边图示中显示的是几个函数的入口地址，右边图示中显示的是主函数的机器指令。

在代码区域右键单击可以打开快捷菜单，如图 7-21 所示。选择命令"Go To Disassembly"，可以将源代码翻译为汇编代码，如图 7-22 所示。

图 7-21　调试时代码区右键快捷菜单

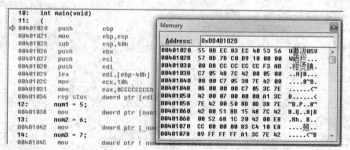

图 7-22　转换为汇编代码界面

可以从图 7-22 中看到，主函数的第一条汇编指令是"push ebp"，使用的内存地址是 00401020，对应的机器代码是 55；第二条汇编指令是"mov ebp, esp"，使用的内存地址是

00401021～00401022，对应的机器代码是 8BEC。目前，使用的 PC 系统运行的程序数据(各类变量)和程序代码都在同一内存当中，可以将需要执行的代码转换为二进制数据存放在内存。由于存放数据地址已知，将程序执行流程跳转到该二进制数据地址，就可执行该代码。

7.5.6　内存区域划分简介

编写好的程序在运行时，使用到的内存区域通常被分为 5 个区域：① 代码内存区，是编写的函数翻译成机器码存放的内存区；② 动态分配内存栈区，是局部 auto 变量使用的内存区；③ 动态分配内存堆区，是用 malloc 动态分配内存使用的内存区；④ 静态分配内存区，是全局变量、静态局部变量使用的内存区；⑤ 常量数据内存区，是代码中所有双引号引用的字符串存放的内存区。五个区域示意如图 7-23 所示。

动态分配内存堆区
动态分配内存栈区
代码内存区
常量数据内存区
静态分配内存区

图 7-23　内存区域划分示意图

习　题

7.1　写出下面程序的运行结果。
程序代码如下：

```c
#include <stdio.h>
int square(int i);
int main(void)
{
    int i = 0;
    i = square(i);
    for (; i < 3; i++)
    {
        static int i = 1;
        i += square(i);
        printf("%d,", i);
    }
    printf("%d\n", i);
}
int square(int i)
{
```

```
        return i * i;
    }
```

7.2　用全局变量编程模拟显示一个数字式时钟。

程序代码如下：

```
#include <stdio.h>
#include <stdlib.h>
int hour, minute, second;
void update();
void display();
void delay();
int main(void)
{
    int i;

    _____;
    for (i = 0; i < 100000; i++)
    {
        update();
        display();
        delay();
    }
    return 0;
}
void update()
{
    second++;
    if (second == 60)
    {
        _____;
        minute++;
    }
    if (_____)
    {
        minute = 0;
        hour++;
    }
    if (hour == 24)
    {
        _____;
```

```
        }
    }
    void display()
    {
        system("cls");          //清屏
        printf("_____", hour, minute, second);
    }
    void delay()
    {
        int t;
        for (t = 0; t <400000000; t++)
        {//使用循环体为空的循环延时
            ;
        }
    }
```

7.3 用函数编程输出三个整数的最小值。在主函数中输入任意三个整数，调用函数并输出最小值。

7.4 写两个函数，分别计算两个整数的最大公约数和最小公倍数。在主函数中输入两个数，调用函数并输出结果。

7.5 在主函数中输入一个整数，调用函数计算该整数各个位上的数之和。如 f(1234) = 10，f(6789)=30。

7.6 如果一个正整数 m 的所有小于 m 的不同因子加起来正好等于 m 本身，那么就称它为完全数。如 6 是一个完全数，因为 6=1+2+3。请编写判断完全数的函数 isperfect，然后输出 1～10 000 之间的完全数。

7.7 五个水手在岛上发现一堆椰子，先由第一个水手把椰子分为等量的 5 堆，还剩下 1 个给了猴子，自己藏起 1 堆。然后，第二个水手把剩下的 4 堆混合后重新分为等量的 5 堆，还剩下 1 个给了猴子，自己藏起 1 堆。以后第三、四个水手依次按此方法处理。最后，第五个水手把剩下的椰子分为等量的 5 堆后，同样剩下 1 个给了猴子。编程计算并输出原来这堆椰子至少有多少个。

7.8 在一种室内互动游戏中，魔术师要每位观众心里想一个 3 位数 abc(a、b、c 分别是百位、十位和个位数字)。然后魔术师让观众心中计算 acb、bac、bca、cab、cba 这 5 个数的和值。只要观众说出这个和是多少，则魔术师一定能猜出观众心里想的原数 abc 是多少。例如，观众甲说他计算的和值是 1999，则魔术师立即说出他想的数是 443，而观众乙说他计算的和值是 1998，则魔术师说："你算错了!"。编程模拟这个数字魔术游戏。

第 7 章习题参考答案

第8章 数组使用

8.1 一维数组的定义和使用

当需要使用大量同一类型的数据时，比如 100 个整型数据，采用之前学习的普通变量进行定义和使用就很麻烦。这时，可以采用数组形式来处理。

8.1.1 一维数组的定义

对应数学的数列元素 a_0，a_1，…，a_n，C 语言采用数组 a[0]，a[1]，…，a[n]与之一一对应。另外，对于输入的若干数据在完成处理之后，还需要再次处理原始数据，此时就需要使用大量的内存来保存原始数据。

定义一维数组的格式为

类型说明符 数组名[整型常量];

其中，类型说明符可以是 int、float、double、char 等，还可以是后面学习的结构体或指针类型。

数组名需要符合标识符命名规则，并且不能与其他普通变量名相同。

[]符号在 C 语言程序里面是数组专用符号，里面的整型常量可以是 100 或 1000 等。例如:

int array[100];

表示定义了 100 个整型类型的变量。

8.1.2 一维数组元素的引用

在定义了数组以后，可以使用数组名称和下标来引用这些变量。一维数组元素的引用格式为

数组名[下标表达式]

其中，下标表达式可以是变量、常量或表达式。例如，array[3]是该变量定义的 100 个数组的第 4 个。被引用的一维数组元素的使用方式与普通变量的使用方式完全相同。在 C 语言中，可以使用该方式引用数组元素里面的值，也可以修改元素所表示存储空间里的值；但使用格式输入时，则需要加&地址符等。C 语言规定数组下标从 0 开始，即如果定义了 int array[100];则引用这些数组变量的元素为 array[0]～array[99]共 100 个。另外，在源程序中还可以直接使用 array 这个数组名，表示给这个数组分配的连续空间的首地址。

图 8-1 是双精度数组 double temp[7];的使用内存示意图。由于 double 类型数据每个变量占 8 个字节，故第 1 个变量使用了 0x18ff10 到 0x18ff17 共 8 个内存地址。

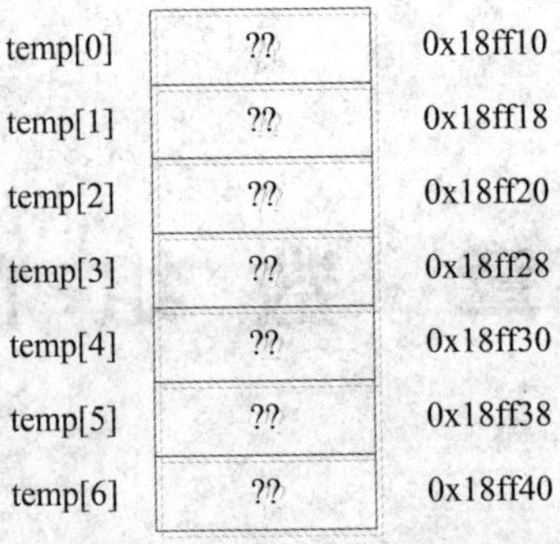

temp[0] ?? 0x18ff10
temp[1] ?? 0x18ff18
temp[2] ?? 0x18ff20
temp[3] ?? 0x18ff28
temp[4] ?? 0x18ff30
temp[5] ?? 0x18ff38
temp[6] ?? 0x18ff40

图 8-1　双精度数组 double temp[7]的使用内存示意图

双精度数组 double temp[7]实际调试时的 Watch 窗口如图 8-2 所示。

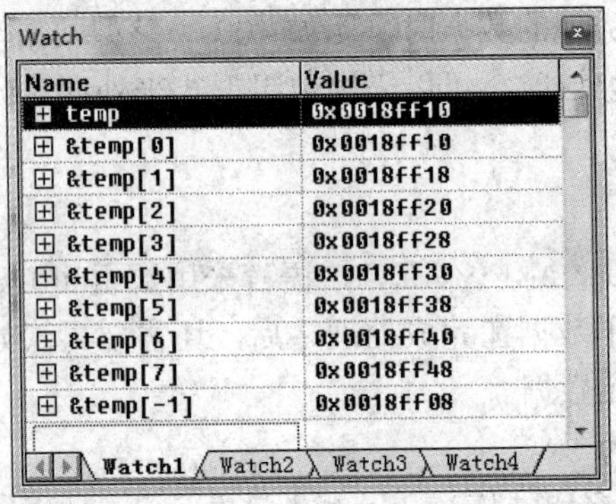

Watch
Name
Value
temp 0x0018ff10
&temp[0] 0x0018ff10
&temp[1] 0x0018ff18
&temp[2] 0x0018ff20
&temp[3] 0x0018ff28
&temp[4] 0x0018ff30
&temp[5] 0x0018ff38
&temp[6] 0x0018ff40
&temp[7] 0x0018ff48
&temp[-1] 0x0018ff08
Watch1
Watch2
Watch3
Watch4

图 8-2　双精度数组 double temp[7]实际调试时的 Watch 窗口

另外，在实际代码中其实可以引用 array[-1]或 array[100]，这时相当于引用了越界的元素。C 语言中数组引用下标越界不检查，由编程者自己检查。

8.1.3　一维数组的初始化

定义的数组如果没有赋值或初始化，则其值是不定值(不同编译环境不同)。在 C 语言中，可以使用以下方式在定义一组数组的时候给数组的每个元素赋一个值。

```
int a[5]={1, 2, 3, 4, 5};
int a[10] = {1, 2, 3};
double d[]={1.0, 2.0, 3.0, 4.0};
```

其中，第一种初始化的结果是 a[0]为 1，a[1]为 2，a[2]为 3，a[3]为 4，a[4]为 5，大括号中序列位置对应数组元素的位置。第二种初始化的结果是 a[0]为 1，a[1]为 2，a[2]为 3，a[3]～a[9]为 0，即序列中位置对应数组元素外，没有给出的后续元素都会被初始化为 0 值，故经常会有代码 int a[100]={0};表示将所有元素都清零。第三种数组定义格式只有在初始化的时候可以使用，是由初始化序列的个数来标识数组元素的个数的，该数组元素共 4 个，是 d[0]～d[3]，其值与序列一一对应。

8.1.4　一维数组程序示例

例 8-1　输入 10 个整数，输出其中的最大值和最小值。

程序代码如下：

```c
#include <stdio.h>

int main(void)
{
    int i;
    int max, min;
    int array[10];

    printf("请输入 10 个整数(空格分隔)：\n");
    for (i = 0; i < 10; i++)
    {
        scanf("%d", &array[i]);
    }

    max = min = array[0];
    for (i = 1; i < 10; i++)
    {
        if (max < array[i])
        {
            max = array[i];
        }
        if (min > array[i])
        {
            min = array[i];
        }
    }

    printf("最小值为%d，最大值为%d。\n", min, max);
    return 0;
}
```

程序运行结果如图 8-3 所示。

图 8-3　例 8-1 程序运行结果

例 8-2　在有序的 10 个数组元素中，查找指定的元素下标(折半查找)。

程序代码如下：

```c
#include <stdio.h>

int main(void)
{
    int number;
    int low, mid, high;
    int arr[10] = {1, 3, 5, 7, 9, 11, 13, 15, 17, 19};

    printf("输入要查找的元素:");
    scanf("%d", &number);

    low = 0;
    high = 9;
    while (low <= high)
    {
        mid = (low + high)/2;
        if (arr[mid] == number)
        {
            break;
        }
        if (arr[mid] < number)
        {
            low = mid + 1;
        }
        if (arr[mid] > number)
        {
            high = mid - 1;
        }
    }
    if (low <= high)
    {
        printf("查找成功，%d 元素的下标为%d。\n", number, mid);
    }
    else
    {
        printf("查找失败，%d 元素不存在。\n", number);
    }
```

```
        return 0;
    }
```

程序运行结果如图 8-4、图 8-5 所示。

图 8-4　例 8-2 程序运行结果一

当输入查找成功的数据时，其执行过程如图 8-6 所示。

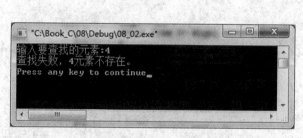

图 8-5　例 8-2 程序运行结果二

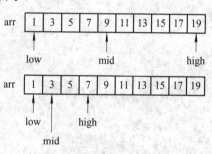

图 8-6　折半查找成功过程示意图

当输入不存在的元素时，其执行过程如图 8-7 所示。

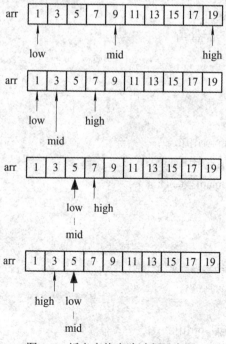

图 8-7　折半查找失败过程示意图

例 8-3 输入 10 个元素，将 10 个元素按升序存放(选择排序)。

程序代码如下：

```c
#include <stdio.h>

int main(void)
{
        int i, j, minp;
        int temp;
        int arr[10];

        printf("输入 10 个整数(空格分隔):\n");
        for (i = 0; i < 10; i++)
        {
                scanf("%d", &arr[i]);
        }

        for (i = 0; i < 9; i++)
        {
                minp = i;
                for (j = i + 1; j < 10; j++)
                {
                        if (arr[j] < arr[minp])
                        {
                                minp = j;
                        }
                }
                if (minp != i)
                {
                        temp = arr[i];
                        arr[i] = arr[minp];
                        arr[minp] = temp;
                }
        }

        printf("排序后结果为：\n");
        for (i = 0; i < 10; i++)
        {
                printf("%d ", arr[i]);
        }
```

```
        printf("\n");
        return 0;
    }
```
程序运行结果如图 8-8 所示。

图 8-8　例 8-3 程序运行结果

程序执行过程如图 8-9 所示。

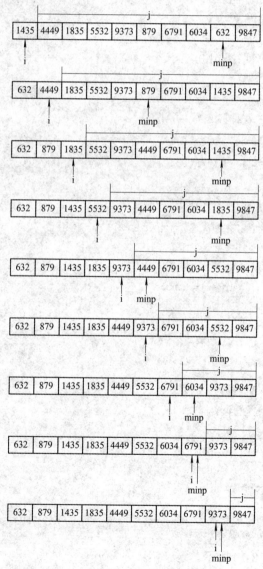

图 8-9　选择排序执行过程示意图

例 8-4 输入 10 个元素，将 10 个元素按升序存放(冒泡排序)。

程序代码如下：

```c
#include <stdio.h>

int main(void)
{
    int i, j;
    int temp;
    int arr[10];

    printf("输入 10 个整数(空格分隔):\n");
    for (i = 0; i < 10; i++)
    {
        scanf("%d", &arr[i]);
    }

    for (i = 0; i < 10; i++)
    {
        for (j = 0; j < 9; j++)
        {
            if (arr[j] > arr[j+1])
            {
                temp = arr[j];
                arr[j] = arr[j+1];
                arr[j+1] = temp;
            }
        }
    }

    printf("排序后结果为：\n");
    for (i = 0; i < 10; i++)
    {
        printf("%d ", arr[i]);
    }
    printf("\n");
    return 0;
}
```

程序运行结果如图 8-10 所示。

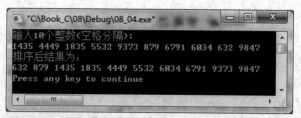

图 8-10 例 8-4 程序运行结果

该程序执行时，内循环执行一遍(外循环 i=0 时)的过程如图 8-11 所示。

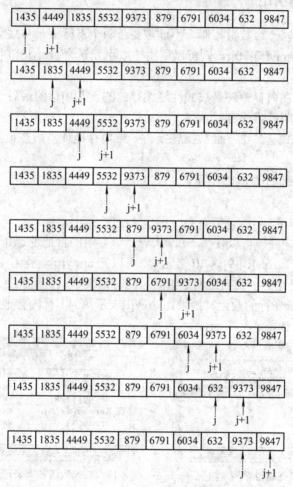

图 8-11 冒泡排序内循环执行一遍的过程示意图

8.2 二维数组的定义和使用

二维数组常用于表示平面。比如下棋时的棋盘，迷宫里寻路等。

8.2.1 二维数组的定义

定义二维数组的格式为

类型说明符 二维数组[整型常量 1][整型常量 2];

其中，类型说明符可以是 int、double、char 等各种数据类型。数组名需要符合标识符命名规则，并且不能与其他变量名、函数名相同。

例如，代码：

    int array[5][10];

定义了一个 5 行 10 列的二维数组，包含 50 个元素，即 50 个整型类型的变量。

8.2.2　二维数组的引用

二维数组的引用同一维数组相似，不过需要带两个下标值，与数学的矩阵对应。

如果定义了 int array[5][10];，则可以引用的数组元素为 array[0][0]～array[4][9]，共 50 个元素。

二维数组的元素在内存中还是按线性连续存放的。第[0]行的最后一个元素后面是第[1]行的第一个元素，也叫行优先存储。

注意：该存储方式让二维平面数据转换为一维内存地址，故在很特殊的情况下，可以按一维数组方式处理。

使用内存地址情况如图 8-12 所示。

例如，二维数组

    int array[5][10];

另外，在源代码中同样可以使用 array 来表示该数组的首地址。由于 array 是二维数组，因此对于 array[0][0]～array[0][9]这 10 个元素，可以把 array[0]看作 t，则数组变为 t[0]～t[9]这 10 个元素，即 t 是这个一维数组的数组名，同时也表示该数组的首地址。也就是说，二维数组 array[0]表示第一行的数组首地址，array[i]表示第 i+1 行的首地址，即&array[i][0]是这个元素的地址值，如图 8-13 所示。

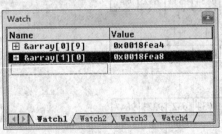

图 8-12　二维数组使用内存地址情况

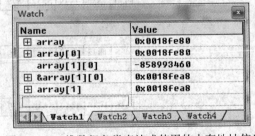

图 8-13　二维数组各类表达式使用的内存地址信息

8.2.3　二维数组的初始化

二维数组同一维数组类似，若定义后没有赋值或初始化，则其元素中的值是内存中的数据。在 C 语言中，可以用下面的方式对二维数组初始化：

    int a[2][3] = {{1,2,3},{4,5,6}};
    int a[2][3] = {1,2,3,4,5};
    int a[][3]={1,2,3,4};
    int a[][3]={{1},{0,5},{0},{0}};

其中，第一种按对应位置给二维数组赋了初值，数组中每一行用一对大括号标识，整个数组再用一对大括号标识，用数学的矩阵表示为 $\begin{pmatrix} 1 & 2 & 3 \\ 4 & 5 & 6 \end{pmatrix}$。

第二种也是按对应位置给二维数组赋了初值，表示为 $\begin{pmatrix} 1 & 2 & 3 \\ 4 & 5 & 0 \end{pmatrix}$，对没有赋初值的元素，只要赋了任何一个元素，其他未赋值的元素都会清零。

对于多维数组，在初始化定义时可以缺省最前面的下标，该下标值是由后面初始化元素的情况来确定的。第三种情况的第一维值会默认为 2(因为 $1 \times 3 = 3 < 4$，不够存放初始化的 4 个元素，$2 \times 3 = 6 \geqslant 4$，是够存放初始化的 4 个元素的最小整数值)，表示为 $\begin{pmatrix} 1 & 2 & 3 \\ 4 & 0 & 0 \end{pmatrix}$。

第四种情况由大括号确定了数组是 4 行 3 列，表示为 $\begin{pmatrix} 1 & 0 & 0 \\ 0 & 5 & 0 \\ 0 & 0 & 0 \\ 0 & 0 & 0 \end{pmatrix}$。

8.2.4　二维数组程序示例

例 8-5　输出如下螺旋方阵：

```
 1   2   3   4   5
16  17  18  19   6
15  24  25  20   7
14  23  22  21   8
13  12  11  10   9
```

程序代码如下：

```c
#include <stdio.h>

int main(void)
{
    int num;
    int cnt;
    int top, bottom;
    int i, j;
```

```c
int arr[10][10];

printf("请输入螺旋方阵的行数(1-10):");
scanf("%d", &num);

cnt = 1;
top = 0;
bottom = num - 1;

while (cnt <= num * num && top <= bottom)
{
    i = top;
    j = top;

    if (top == bottom)
    {
        arr[i][j] = cnt;
        break;
    }

    for (j = top; j < bottom; j++)
    {
        arr[i][j] = cnt;
        cnt++;
    }
    for (i = top; i < bottom; i++)
    {
        arr[i][j] = cnt;
        cnt++;
    }
    for (j = bottom; j > top; j--)
    {
        arr[i][j] = cnt;
        cnt++;
    }
    for (i = bottom; i > top; i--)
    {
        arr[i][j] = cnt;
        cnt++;
```

```
            }
            top++;
            bottom--;
        }

        for (i = 0; i < num; i++)
        {
            for (j = 0; j < num; j++)
            {
                printf("%3d ", arr[i][j]);
            }
            printf("\n");
        }
        return 0;
    }
```

程序运行结果如图 8-14 所示。

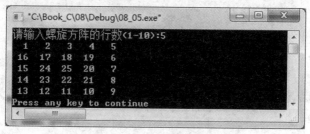

图 8-14   例 8-5 程序运行结果

例 8-6   计算矩阵乘法。

程序代码如下：

```
#include <stdio.h>

#define M 3
#define N 4
#define L 5

int main()
{
    int i, j, k;
    int a[M][N];
    int b[N][L];
    int c[M][L] = {0};

    printf("输入 3 行 4 列矩阵(12 个数): \n");
```

```c
for (i = 0; i < M; i++)
{
    for (j = 0; j < N; j++)
    {
        scanf("%d", &a[i][j]);
    }
}

printf("输入 4 行 5 列矩阵(20 个数)：\n");
for (i = 0; i < N; i++)
{
    for (j = 0; j < L; j++)
    {
        scanf("%d", &b[i][j]);
    }
}

//计算矩阵乘法
for (i = 0; i < M; i++)
{
    for (k = 0; k < L; k++)
    {
        for (j = 0; j < N; j++)
        {
            c[i][k] += a[i][j] * b[j][k];
        }
    }
}

//输出
printf("结果为：\n");
for (i = 0; i < M; i++)
{
    for (j = 0; j < L; j++)
    {
        printf("%4d ", c[i][j]);
    }
    printf("\n");
}
```

```
        return 0;
    }
```

程序运行结果如图 8-15 所示。

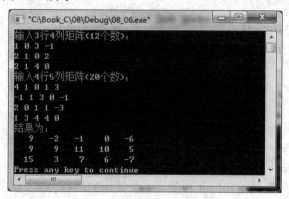

图 8-15　例 8-6 程序运行结果

按二维数组的思路展开，可以定义多维数组，如 int arr[2][3][4];。与生活中需要处理的事项相对应，三维数组可以处理左右、前后、上下空间坐标。多维数组可以用多个维度来处理相关事项。其定义和引用方法可以参考二维数组。

8.3　字符数组

字符数组从内存上来说与其他类型数组没有什么区别，但由于在处理字符时更多时候是按照字符串的方式处理，因此与其他数组就有了差异。

8.3.1　字符数组的定义

字符数组的定义与一维数组的定义相同。例如，char str[12];定义了一个可以放入 12 个字符的数组。因为字符类型数据每个变量只占用 1 个字节内存，所以示例中定义的字符数组分配了 12 个字节的内存空间。

8.3.2　字符串和字符串的结束标志

字符数组定义好以后，很多时候关心的不是数组可以放多少个字符，而是关心数组里使用的字符个数。

例如，字符数组定义为 char words[12];，若希望在该数组里面放一些英文单词，且不同单词的长度不同，如单词 one 是 3 个字母，seventeen 是 9 个字母，则实际处理的字符个数不是 12，而是单词的长度。

对于不同长度的这些单词，如果用字符方式一个一个处理，远不如将这些字符统一处理。统一处理时称其为字符串，由一对双引号标识单字符串中的字符个数，如 "one"，"seventeen"。但程序怎么确定这些单词是多长的呢？方法是：在数组中有效字符的后面附加一个字符串的结束标志 '\0' 确定有效的字符个数，'\0'字符是八进制转义字符，实际就是 0 值。

对所有 C 语言字符串进行处理时，均由 0 值标志该字符串有效字符的结束。

对于其他数据类型的数组，也可以选用特定数据作为有效数组元素结束的标志。例如，在 int score[100];整型数据中存放学生成绩，学生成绩不会出现 –1，则可以使用 –1 描述有效学生成绩个数。

8.3.3 字符数组的初始化

字符数组初始化可以使用如下形式：

  char str[10] = {'g', 'o', 'o', 'd'};

  char str[10]={"good"};

  char str[10]="good";

  char str[]= {'g', 'o', 'o', 'd'};

  char str[]="good";

其中，前面的 3 种和一维数组初始化相同，未初始化的内存会置为 '\0'；第 4 种初始化方式中表示该数组只有 4 个元素；第 5 种初始化方式中表示该数组有 5 个元素，且第 5 个元素是 '\0'，即只要有双引号标识的字符串都会有一个 '\0' 字符在该字符串最后。

因此，定义存放字符的数组时，要考虑最多会输入多少个字符。例如，数组要存放家庭地址时，经调查所有家庭地址的字符长度均不超过 30 个字符(最长的是 30 个字符)，此时的数组一定要定义为 char address[31];，即多预留一个可以存放 '\0' 的空间，以方便将该字符数组当成字符串进行处理。

8.3.4 字符数组的引用

对于字符数组的元素，如果按照字符的方式一个一个处理，则代码写法与一维数组相类似。但不同的是，循环结束时不是判断到数组最后一个下标，而是判断到有效字符结束标志 '\0'。

例 8-7 在一个字符串中查找 a 出现的次数。

程序代码如下：

```c
#include <stdio.h>


int main(void)
{
    char str[80] = "abcabaaabcdefg";
    int i, cnt = 0;
    for (i = 0; str[i] != '\0'; i++)
    {
        if (str[i] == 'a')
        {
            cnt++;
        }
    }
```

```
        printf("该字符串中含有%d 个 a 字母。\n", cnt);
        return 0;
    }
```

程序运行结果如图 8-16 所示。

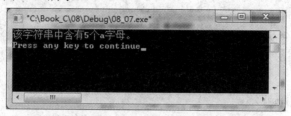

图 8-16   例 8-7 程序运行结果

8.3.5   字符数组的输入/输出

字符数组如果按照字符元素一个一个输入与输出，可以采用格式输入/输出法，即%c
格式进行。

另外，字符数组还可以采用字符串的方式进行输入与输出，使用的格式为%s，但注意
参数一定是字符数组的数组名(也可以是存放数组的地址)。例如：

```
        scanf("%s", str);
        printf("%s", str);
        scanf("%s", &str[2]);
        printf("%s", str+3);
```

其中：

(1) 第一行是从键盘输入字符串，输入的字符串存放在 str 数组首地址所指的内存区域
里，并会在字符串最后补一个 '\0'，故字符数组 str 的长度应该大于等于输入的字符加 1 的
长度。

(2) 第二行是从字符数组 str 首地址所指的内存区域开始按字符串方式进行输出，到 '\0'
作为输出的结束标志('\0' 不输出)。

(3) 第三行是将输入的字符串存放在以 str[2]开始的存储空间里，str[0]和 str[1]没有被
输入(原来内存是什么不变化)。

(4) 第四行 str+3(数组首地址后移三个地址)和表达式&str[3]相同，其功能是从 str[3]开
始将存储空间的字符串输出，但不输出 str[0]、str[1]和 str[2]三个字符。

对于 scanf 而言，空格是输入数据的分隔标识，如果希望键盘输入一串带空格的字符串，
则需要使用 gets 函数。gets 可以输入带空格的字符串。与 gets 输入相对的输出函数是 puts，
可以将字符串输出，并且会将 '\0' 转换为换行输出。

例 8-8   输入英文句子，将其中的单词拆分出来。

程序代码如下：

```
#include <stdio.h>

int main()
```

```c
{
        char input[80] = "";           //键盘输入，假设输入长度不超过 79 字符
        char output[80] = "";          //不影响输入数据，输出的单词存放区域
        int position[10] = {0};        //单词起始位置下标，假设单词数不多于 10 个
        int count;                     //单词个数
        int i;
        int flag = 0;                  //标志，0 表示空格(非单词)，1 表示非空格(单词)

        printf("输入英文句子：");
        gets(input);                   //可以输入带空格的字符串

        for (i = 0; input[i] != '\0'; i++)    //将输入的原始数据复制到输出数据
        {
                output[i] = input[i];
        }

        count = 0;
        for (i = 0; output[i] != '\0'; i++)
        {
                if (output[i] != ' ' && flag == 0)    //空格后第一个非空格，表示单词开始
                {
                        position[count] = i;          //记录单词开始的位置
                        count++;
                        flag = 1;
                }
                else if (output[i] == ' ')
                {
                        output[i] = '\0';             //将空格均修改为结束标识
                        flag = 0;                     //修改标志状态
                }
        }

        for (i = 0; i < count; i++)
        {
        puts(output+position[i]);
        }

        return 0;
}
```

程序运行结果如图 8-17、图 8-18 所示。

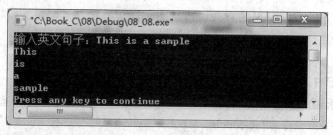

图 8-17　例 8-8 程序运行结果一

该程序只对空格作了判断，如果是输入了其他字符，则均当成英文单词处理，如图 8-18 所示。如果希望只处理英文字符，请读者自己修改程序。

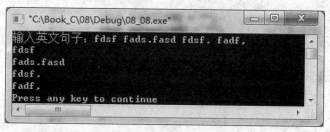

图 8-18　例 8-8 程序运行结果二

8.3.6　字符串处理函数

为了加快编写程序，一般编译器都提供了常用的字符串处理函数，使用它们可以快速处理字符串数据。常用的字符串处理函数见表 8-1。

表 8-1　常用的字符串处理函数

函数功能	函数调用形式	功能描述及其说明
求字符串长度	len = strlen(string);	获得 string 字符串的长度(不含'\0')
字符串比较	result = strcmp(string1, string2);	比较字符串 string1 和 string2 的大小： 当 string1 大于 string2 时，函数返回值大于 0； 当 string1 等于 string2 时，函数返回值等于 0； 当 string1 小于 string2 时，函数返回值小于 0。 字符串的比较方法是对两个字符串从左到右按字符的 ASCII 码值大小逐个比较，直到出现不同字符或'\0'
字符串复制	strcpy(string1, string2);	将字符数组 string2 的内容复制到 string1 字符数组中，函数返回 string1 数组的首地址。 应保证 string1 的大小足以存放 string2 的内容
字符串连接	strcat(string1, string2);	将字符数组 string2 的内容添加到字符数组 string1 中字符串的末尾，string1 字符串结束符被覆盖，函数返回 string1 数组的首地址。 应保证 string1 的大小足以存放 string1 和 string2 连接后的内容

使用以上函数需要包含头文件 string.h。

strlen 函数用于计算字符串的有效长度，即统计字符串直到字符 '\0' 为止(字符 '\0' 不统计，如果有多个 '\0'，则统计到第一个为止)。例如，

char str[80] = "abcdefg";

计算 strlen(str)得到 7，计算 strlen(str+3)得到 4。

例 8-9　判断输入字符串是否为回文。回文是指从前向后与从后向前字符完全相同的字符串(中心对称字符串)，如 abcddcba、abcba 等。

程序代码如下：

```c
#include <stdio.h>
#include <string.h>

int main(void)
{
    int i, j;
    char str[80] = "";

    printf("请输入字符串：");
    gets(str);

    for (i = 0, j = strlen(str)-1; i < j; i++, j--)
    {
        if (str[i] != str[j])
        {
            break;
        }
    }

    if (i < j)
    {
        printf("%s 字符串不是回文\n", str);
    }
    else
    {
        printf("%s 字符串是回文\n", str);
    }
    return 0;
}
```

程序运行结果如图 8-19 所示。

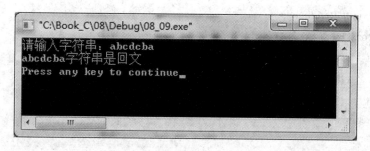

图 8-19　例 8-9 程序运行结果

图 8-19 中，strcpy 函数是字符串复制函数，strcmp 函数是字符串比较函数。对于字符串内容的比较和赋值不能直接运算。由于数组名称 string1、string2 表示数组首地址，表达式 string1>string2 表示比较两个字符数组首地址大小(不是比较字符串内容)。但是，表达式 string1=string2 会报语法错误，string1 是数组首地址常量，不能修改其内容(类似 3=4，想让字符 3 表示值 4 是不行的)。

例 8-10　字符串排序。

一个字符串需要一维字符数组，多个字符串需要二维字符数组。

程序代码如下：

```c
#include <stdio.h>
#include <string.h>

int main(void)
{
    int i, j ;
    char name[5][20] = {"China", "America", "Australia",
        "Sweden", "Canada"};        //5 个名称，每个名称不多于 19 个字符
    char temp[20];

    //冒泡排序
    for (i = 0; i < 5; i++)
    {
        for (j = 0; j < 5 - i - 1; j++)
        {
            if (strcmp(name[j], name[j+1]) > 0)         //比较字符串
            {
                strcpy(temp, name[j]);
                strcpy(name[j], name[j+1]);
                strcpy(name[j+1], temp);
            }
        }
    }
```

```
        printf("Result:\n");
        for (i = 0; i < 5; i++)
        {
            puts(name[i]);
        }
        return 0;
    }
```

程序运行结果如图 8-20 所示。

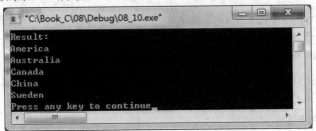

图 8-20 例 8-10 程序运行结果

例 8-10 程序中字符串排序前后的内存数据变化情况如图 8-21 所示。

图 8-21 字符串排序前后的内存数据变化情况

例 8-11 字符串连接。

程序代码如下:

```
    #include <stdio.h>
    #include <string.h>

    int main(void)
    {
        int i, j;
        int number;          //学号
        char strnum[20];     //学号数值转换为字符串
        char strtemp;
        char name[20];       //姓名
        char result[80] = "";   //连接后字符串
```

```c
        printf("Input Number:");
        scanf("%d", &number);
        printf("Input Name:");
        scanf("%s", name);

        i = 0;
        while (number > 0)
        {
            strnum[i] = number % 10 + 48;      //数值 0-9 转换为数字字符'0'-'9'
            i++;
            number = number / 10;
        }
        strnum[i] = '\0';
        i--;
        for (j = 0; j < i; j++, i--)
        {
            strtemp = strnum[j];
            strnum[j] = strnum[i];
            strnum[i] = strtemp;
        }

        strcpy(result, "Hi, ");
        strcat(result, strnum);
        strcat(result, " ");
        strcat(result, name);
        strcat(result, ", ");
        strcat(result, "你好!");
        printf("%s\n", result);

        return 0;
    }
```

程序运行结果如图 8-22 所示。

图 8-22　例 8-11 程序运行结果

8.4 数组作函数参数

8.4.1 数组元素作函数实参

由于每个数组元素就是一个变量，所以数组元素作为函数实参时与变量相同。

例 8-12 将两个有序数组合并为一个有序数组。

程序代码如下：

```c
#include <stdio.h>

int compare(int x, int y);

int main(void)
{
        int i1, i2, i3;
        int arr1[5] = {1, 4, 5, 8, 9};
        int arr2[5] = {2, 3, 6, 7, 10};
        int arr3[10];

        i1 = i2 = i3 = 0;
        while (i1 < 5 && i2 < 5)
        {
            if (compare(arr1[i1], arr2[i2]))
            {
                arr3[i3++] = arr1[i1++];
            }
            else
            {
                arr3[i3++] = arr2[i2++];
            }
        }
        if (i1 == 5)
        {
            while (i2 < 5)
            {
                arr3[i3++] = arr2[i2++];
            }
        }
```

```
        else
        {
                while (i1 < 5)
                {
                        arr3[i3++] = arr2[i2++];
                }
        }
        for (i3 = 0; i3 < 10; i3++)
        {
                printf("%d ", arr3[i3]);
        }
        printf("\n");
        return 0;
}


int compare(int x, int y)
{
        if (x <= y)
        {
                return 1;
        }
        else
        {
                return 0;
        }
}
```

程序运行结果如图 8-23 所示。

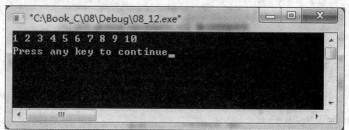

图 8-23　例 8-12 程序运行结果

8.4.2　数组名作函数参数

数组名称表示数组首地址，实参是数组名(即实参是地址)，形参也需要是与实参对应的数组形式。

例 8-13　从键盘输入某班(不超过 40 人)三门学科的成绩，然后计算三科平均成绩。
程序代码如下：

```c
#include <stdio.h>

void input(int sc[40][3], int n);
void calculate(int score[40][3], double av[3], int n);

int main(void)
{
        int i;
        int num;                      //学生人数
        int score[40][3];             //不多于 40 人，每人 3 科成绩
        double aver[3];               //3 科平均成绩
        printf("请输入学生人数(0-40):");
        scanf("%d", &num);

        input(score, num);
        calculate(score, aver, num);

        printf("三科平均成绩，依次为:\n");
        for (i = 0; i < 3; i++)
        {
                printf("%.2f ", aver[i]);
        }
        printf("\n");
        return 0;
}

void input(int sc[40][3], int n)
{
        int i, j;
        printf("请输入%d 人的三科成绩:\n", n);
        for (i = 0; i < n; i++)        //人数
        {
                for (j = 0; j < 3; j++)    //科目
                {
                        scanf("%d", &sc[i][j]);
                }
        }
```

```
        }

    void calculate(int score[40][3], double av[3], int n)

    {

            int i, j;

            int total;

            for (j = 0; j < 3; j++)

            {

                total = 0;

                for (i = 0; i < n; i++)

                {

                        total += score[i][j];

                }

                av[j] = 1.0 * total / n;

            }

        }
```

程序运行结果如图 8-24 所示。

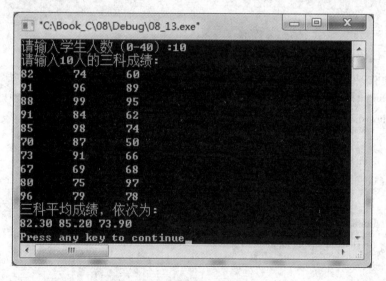

图 8-24　例 8-13 程序运行结果

从例 8-13 的程序中可以看到，使用形参修改数据时，实际修改到了实参数据。这是由于实参是地址，形参是需要存放地址的参数(实际就是指针变量)，通过指针变量是可以修改实参数据的，详见指针章节。

习　题

8.1　分析并写出下面程序的运行结果。

(1) 程序代码如下：

```
#include <stdio.h>
void fun(int x);
int main(void)
{
        int i;
        int a[] = {5, 6, 7, 8};

        for (i = 0; i < 4; i++)
        {
            fun(a[i]);
            printf("%d,", a[i]);
        }
        return 0;
}
void fun(int x)
{
        x = 20;
}
```

(2) 程序代码如下：

```
#include <stdio.h>
void fun(int x[]);
int main(void)
{
        int i;
        int a[] = {5, 6, 7, 8};

        fun(a);
        for (i = 0; i < 4; i++)
        {
            printf("%d,", a[i]);
        }
        return 0;
}
void fun(int x[])
{
        int i;
        for (i = 0; i < 4; i++)
        {
```

```
            x[i] = 20 + i;
        }
    }
```

8.2　求任意的一个 m×n 矩阵的最大数及其所在的行列数。

8.3　求任意的一个 m×m 矩阵的两条对角线上元素之和。

8.4　求任意的一个 m×n 矩阵的周边(最外一圈)元素之和。

8.5　从键盘读入一行字符(最多 127 个字符)，将其中的数字字符以及这些数字字符的数量显示在屏幕上。

例如，输入 gfask45623cvsac,53dwaffaf32535as3bf0，输出字符个数为 14，数字字符序列为 45623533253530。

8.6　从键盘读入一个字符串(最多 127 个字符)，检查该字符串是否是回文。所谓回文即正向与反向的拼写都一样。例如，adgda 是回文；1234554321 也是回文。

8.7　现有两数组：a[10] = {6,7,5,2,10,4,8,3,9,1}，b[10] = {5,1,3,8,10,2,5,4,7,9}，计算 a 数组正序与 b 数组逆序的积的和，即 $sum = 6 \times 9 + 7 \times 7 + 5 \times 4 + 2 \times 5 + 10 \times 2 + 4 \times 10 + 8 \times 8 + 3 \times 3 + 9 \times 1 + 1 \times 5$。要求 a、b 数组数据是从键盘输入的，显示计算后的和值。

8.8　一维数组元素有 M+N 个(总个数不超过 100 个)，将前 M 个与后 N 个交换位置。例如，原数组为 1、2、3、4、5，M 为 2，N 为 3，则交换后数组为 3、4、5、1、2。

第 8 章习题参考答案

第 9 章 结构体和共用体

对于普通数据类型，使用前 8 章所学内容已经比较容易处理了。但对于复杂一点的多个事物对象，当包含多种属性时，仅使用数组等数据类型在处理中很容易出错，这时就需要使用结构体类型。例如，学生对象含有学号、姓名、性别、出生日期、多科成绩等属性，如果采用多个数组依次存放相关数据，那么在处理时会比较麻烦(如对某科成绩排序时，不仅该科成绩要交换位置，其他属性也需要交换数据)。此时可以使用结构体来声明自定义的数据类型，并用来存放含有多种属性的对象信息。

9.1 定义结构体类型变量的方法

要使用结构体类型变量，必须先声明一种结构体数据类型。声明结构体的语法格式如下：

```
struct <结构体标识名称>
{数据类型    成员 1;
 数据类型    成员 2;
 …
 };
```

例如：

```
struct student
{
    int number;
    char name[20];
    char sex;
    int year;
    int month;
    int day;
    double score[4];
};
```

声明一个结构体数据类型，并不分配内存，仅仅是标识了一种数据类型。类似于函数声明，可以放在函数内声明，也可以放在函数外声明。建议放在函数外声明，这样后续函数都可以使用该类型的结构体定义变量和使用变量。

声明了结构体类型，相当于自定义了一种组合数据类型，就可以根据声明来定义结构体类型变量。

定义结构体变量的语法格式如下：

    struct <结构体标识名称> <变量名称>;

例如，struct student st1;，其中 st1 是变量名，会为每个成员分配内存。VC 按数据类型宽度进行对齐处理，后一数据类型宽度会受前面数据类型宽度总和的影响。前面数据类型宽度总和不足本数据类型宽度时，会被对齐为本数据类型宽度。实例中，st1 会连续分配 $4+20+4+4+4+4+8\times4=72$ 字节内存，分别存放成员学号(整型 4 字节)、姓名(字符数组 20 字节)、性别(1 字节)、出生年(4 字节，前面数据类型宽度总和为 25 字节，扩展为 28 字节，后 3 个字节不用)、出生月(4 字节)、出生日(4 字节)、成绩数组(double 是 8 个字节 × 4 科成绩，前面数据类型宽度总和为 40，不扩展)，如图 9-1 所示。

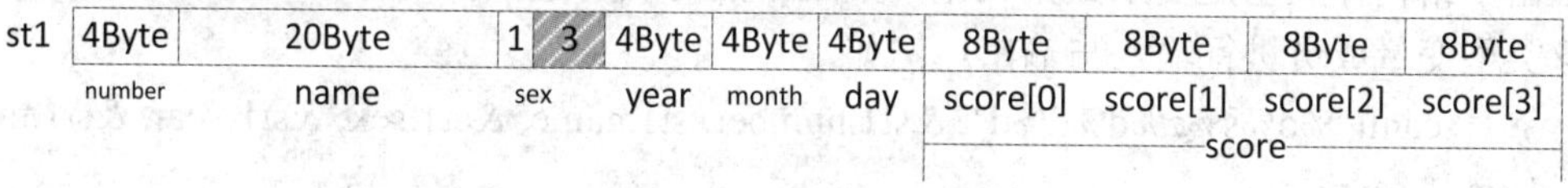

st1	4Byte	20Byte	1	3	4Byte	4Byte	4Byte	8Byte	8Byte	8Byte	8Byte
	number	name	sex		year	month	day	score[0]	score[1]	score[2]	score[3]
										score		

图 9-1　结构体变量占用内存情况示意图

调试程序可以看到结构体变量各成员使用的内存地址，如图 9-2 所示。

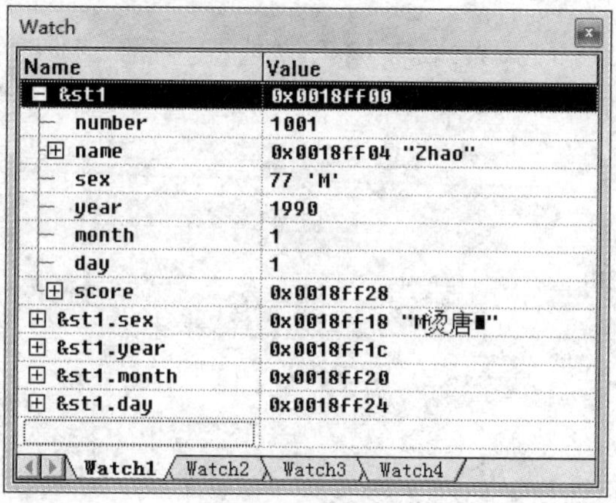

图 9-2　结构体变量各成员使用的内存地址

结构体变量也可以在声明的时候直接定义：

    struct student2
    {
        int number;
        char name[20];
    } st3, st4;

由于声明结构体一般在函数外，因此定义的结构体变量就成了全局变量。

另外，在定义结构体变量的时候可以初始化该变量成员的内容，但未初始化的结构体成员变量值不确定。初始化结构体变量的部分成员后，未列成员值为 0。例如：

    struct student st1 = {1001, "Zhao", 'M', 1990, 1, 1, {85, 78, 82, 83}};

初始化的序列需要与声明结构体的成员顺序相同，中间不打算初始化的成员不能缺省(一般赋 0 值)。如果不初始化出生日期，则初始化结构体为

    struct student st1 = {1001, "Zhao", 'M', 0, 0, 0, 85, 78, 82, 83};

9.2　结构体变量的引用

结构体变量定义后，就可以使用了，使用的语法格式如下：

　　　　结构体变量名.成员名

例如，st1.number，其中 st1 是结构体变量名称，number 是该结构体类型的第一个成员变量名称，"."是结构体引用连接专用运算符。st1.number 表示内存地址为 0x0018ff00～0x0018ff03 共 4 个字节的内存空间。由于 number 是 int 类型，因此 st1.number 按 int 类型处理即可。

由于结构体类型是复杂数据类型，因此不能对该类型变量进行整体输入与输出，只能对该类型变量成员进行输入与输出。例如：

　　　　scanf("%d%s%c%d%d%d", &st1.number, st1.name, &st1.sex, &st1.year, &st1.month, &st1.day);

例 9-1　结构体声明与引用。

程序代码如下：

```c
#include <stdio.h>

struct student
{
        int number;
        char name[20];
        char sex;
        int year;
        int month;
        int day;
        double score[4];
};

int main(void)
{
        int i;
        struct student st1;
        printf("请输入学生的学号 姓名 性别 出生年 月 日:\n");
        scanf("%d%s", &st1.number, st1.name);
        getchar();
        scanf("%c%d%d%d", &st1.sex, &st1.year, &st1.month, &st1.day);
        printf("请输入该学生的四科成绩:\n");
        for (i = 0; i < 4; i++)
        {
```

```
                scanf("%lf", &st1.score[i]);
        }
        printf("该学生信息是:\n");
        printf("学号:%d 姓名:%s 性别:%c 出生日期:%d 年%d 月%d 日\n",
            st1.number, st1.name, st1.sex, st1.year, st1.month, st1.day);
        for (i = 0; i < 4; i++)
        {
            printf("成绩%d:%.2f ", i + 1, st1.score[i]);
        }
        printf("\n");
        return 0;
    }
```

程序运行结果如图 9-3 所示。

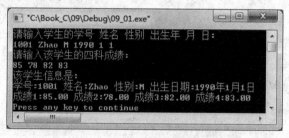

图 9-3　例 9-1 程序运行结果

结构体变量不能进行整体输入与输出,但支持整体赋值。代码如下:

```
    struct student st1, st2;
    st1.number = 1001;
    ...
    st2 = st1;
```

其中,表达式 st2 = st1 可以将 st1 变量内存空间里的所有值复制到 st2 变量的内存空间里。

9.3　结构体数组

一个结构体变量只能放一个特定对象的信息,如果有多个同样对象的数据,则需要结构体类型的数组。

9.3.1　定义结构体数组

例如,struct student st[10];中,st 就是结构体数组,可以存放 10 个学生的信息,分配的内存空间是 10 × 1 个结构体变量宽度。

结构体数组通常是一维数组,其引用语法格式为

　　结构体数组名[下标].成员变量名

例如,st[3].number 表示引用第 4 个学生(下标为 3,起始下标为 0)的学号内存空间。结

构体数组名表示该结构体数组的首地址。

9.3.2 结构体数组的初始化

在定义结构体数组时可以对结构体数组进行初始化，未初始化的值不确定。初始化部分数据后，其他缺省值均为 0 值。例如：

    struct student st[10] = {{1001, …}, {1002, …}, …};

其中，里面的大括号表示每个学生的信息，若学生初始化数据完整，也可以缺省里面的大括号。例如：

    struct student st[10] = {1001, …, 1002, …,};

例 9-2 根据初始化数据，按学生总成绩降序排序。

程序代码如下：

```
#include <stdio.h>

struct stu
{
        int number;
        char name[20];
        int score[5];           //前 4 科为单科成绩，最后为总分
};

int main(void)
{
        int i, j;
        int num;                //学生人数
        struct stu st[10] = {
                {1001, "Zhao", 85, 64, 82, 63},
                {1002, "Qian", 92, 60, 96, 67},
                {1003, "Sun", 79, 89, 98, 82},
                {1004, "Li", 92, 100, 68, 92},
                {1005, "Zhou", 74, 85, 71, 65}
                };
        struct stu temp;        //临时变量，用于交换

        num = 5;
        //计算每个学生的总分
        for (i = 0; i < num; i++)
        {
                st[i].score[4] = 0;
```

```
                for (j = 0; j < 4; j++)

                {

                        st[i].score[4] += st[i].score[j];

                }

        }


        //冒泡排序

        for (i = 0; i < num; i++)

        {

                for (j = 0; j < num - i - 1; j++)

                {

                        if (st[j].score[4] < st[j+1].score[4])

                        {

                                temp = st[j];

                                st[j] = st[j+1];

                                st[j+1] = temp;

                        }

                }

        }


        //输出

        printf("学号\t 姓名\t 成绩 1\t 成绩 2\t 成绩 3\t 成绩 4\t 总成绩\n");

        for (i = 0; i < num; i++)

        {

                printf("%d\t%s\t%d\t%d\t%d\t%d\t%d\n",

                        st[i].number, st[i].name, st[i].score[0], st[i].score[2],

                        st[i].score[2], st[i].score[3], st[i].score[4], st[i].score[5]);

        }

        return 0;

}
```

程序运行结果如图 9-4 所示。

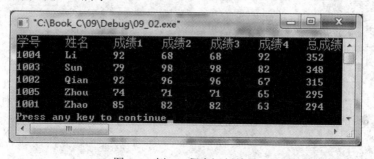

图 9-4 例 9-2 程序运行结果

例 9-3　从键盘输入原始数据(3 个学生姓名和每人 3 科成绩)，计算总分和平均分，并输出。
程序代码如下：

```c
#include <stdio.h>

struct student
{
        char name[12];
        int score[3];
        double sum;
        double average;
};

int main(void)
{
        int i, j;
        double sum;
        struct student stu[3];

        for (i = 0; i < 3; i++)
        {
                printf("输入第%d 个学生姓名: ", i + 1);
                gets(stu[i].name);
                sum = 0;
                for (j = 0; j < 3; j++)
                {
                        printf("输入第%d 个学生第%d 科成绩: ", i + 1, j + 1);
                        scanf("%d", &stu[i].score[j]);
                        sum += stu[i].score[j];
                        //fflush(stdin);
                }
                fflush(stdin);
                stu[i].sum = sum;
                stu[i].average = sum / 3;
        }

        printf("Information of Stu:\n");
        printf("%10s%7s%7s%7s%7s%7s\n", "姓名", "成绩 1", "成绩 2", "成绩 3", "总分", "平均分");

        for (i = 0; i < 3; i++)
```

```
            {
                printf("%10s", stu[i].name);
                for (j = 0; j < 3; j++)
                {
                        printf("%7d", stu[i].score[j]);
                }
                printf("%7.2f%7.2f", stu[i].sum, stu[i].average);
                printf("\n");
            }


            return 0;
    }
```

程序运行结果如图 9-5 所示。

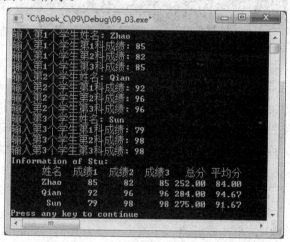

图 9-5   例 9-3 程序运行结果

例 9-3 的程序在输入时有很多问题，仅仅依据屏幕提示用户输入，并不能保证用户输入完全正确。

对于有大量原始数据需要输入时，用户输入错误在所难免。比如用户输入成绩时输入了小数(或英文字母)，则程序运行结果(第 1 人第 1 科成绩输入错误)如图 9-6 所示。

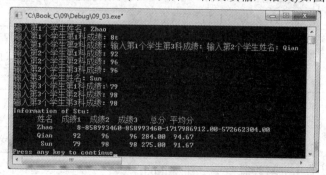

图 9-6   例 9-3 输入数据错误时的运行结果

由运行结果可知，程序根本没有输入第 1 人的第 2、3 科成绩，就提示输入第 2 个人的姓名了。根据该错误，可以把清除缓冲输入区函数指令 fflush(stdin);放置在双重循环内的最后。对于同样的输入错误，程序运行结果如图 9-7 所示。

图 9-7　使用 fflush 语句后输入错误数据时的运行结果

那怎样保证在输入数据不正确时提示用户重新输入呢？

对于一个完整、健壮的程序，应该对用户输入的所有数据都进行检查验证，即合法的数据就存放到内存(或文件)中，不合法的数据要求用户重新输入。对于数值型数据，先一律采用字符串方式(数字字符串)输入，然后对输入的字符串扫描检查是否都是数字字符(对于浮点数允许首位出现 "-" 符号，允许出现小数点 "." 一次)，其他字符都表示数据不合法。同时有些数据是有范围的，比如成绩值应该介于 0~100 之间，此类数据也可以使用检查函数让用户重新输入合法数据。

由于输入的是数字字符串，需要将该字符串转换为数值，此时可以使用字符串转换为数值函数，见表 9-1。

表 9-1　数字字符串转换为数值函数

函数调用形式	功能描述及其说明	示　　例
num = atof(string);	返回字符数组 string 内容转换的双精度浮点数。若遇到不合法的字符，则不合法字符后续字符不再处理。如果第 1 个字符就不合法，则值为 0	atof("-12.3456")返回-12.3456 atof("-12.34-56")返回-12.34 atof("--12.3456")返回 0
num = atoi(string);	返回字符数组 string 内容转换的整型数。若遇到不合法的字符，则不合法字符后续字符不再处理。如果第 1 个字符就不合法，则值为 0	atoi("-123456")返回-123456 atoi("-12.3456")返回-12 atoi("--12.3456")返回 0
num = atol(string);	返回字符数组 string 内容转换的长整型数。若遇到不合法的字符，则不合法字符后续字符不再处理。如果第 1 个字符就不合法，则值为 0	与 atoi 相同

注意：使用以上几个函数需要头文件 stdlib.h。

例 9-3 的程序还有一个问题就是结构体数组使用 120 个字节内存空间，再使用

gets(stu[i].name);从键盘输入数据时,用户如果输入超过 120 个字节空间的数据(对于普通的字符数组使用 gets 时,用户都可以输入超过数组定义长度的字符)程序会出错。如图 9-8 所示,用户输入了 140 个字符后程序错误,再输入成绩时,程序崩溃。

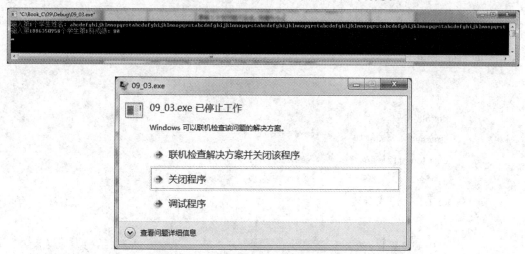

图 9-8   例 9-3 输入数据溢出程序崩溃界面

使用 gets 读入数据时,由于键入的字符数据超过数组宽度,因此该数据会继续填充内存的其他区域,从而导致程序出错。该错误称为缓冲区溢出,可被恶意代码利用。同样,函数 strcpy、strcat 也可能导致同样的错误。为减少该类错误,可以使用限制字符串长度函数,见表 9-2。

表 9-2   限制字符串长度函数

函数调用形式	功能描述及其说明
fgets(string, n, stdin);	将输入缓冲区(stdin)中前 n-1 个字符读入到 string 字符数组内
strncpy(string1, string2, n);	将字符数组 string2 中最多前 n 个字符拷贝到字符数组 string1 中
strncat(string1, string2, n);	将字符数组 string2 中最多前 n 个字符连接到 string1 字符数组后面,string1 的字符结束符'\0'被覆盖
strncmp(string1, string2, n);	最多比较两个字符串前 n 个字符

根据以上所述,将例 9-3 的代码修改如下:

```
#include <stdio.h>
#include <stdlib.h>
#include <string.h>


struct student
{
        char name[12];
        int score[3];
        double sum;
```

```c
        double average;
};

int check(char str[12]);

int main(void)
{
        int i, j;
        double sum;
        struct student stu[3];
        char temp[12];

        for (i = 0; i < 3; i++)
        {
                printf("输入第%d 个学生姓名: ", i + 1);
                fgets(stu[i].name, sizeof(stu[i].name), stdin);
                if (stu[i].name[strlen(stu[i].name) - 1] == '\n')
                {
                        stu[i].name[strlen(stu[i].name) - 1] = '\0';
                }
                fflush(stdin);
                sum = 0;
                for (j = 0; j < 3; j++)
                {
                        printf("输入第%d 个学生第%d 科成绩: ", i + 1, j + 1);
                        fgets(temp, sizeof(temp), stdin);
                        fflush(stdin);
                        while (check(temp) != 1)
                        {
                                printf("输入数据有误，请重新输入!\n");
                                fgets(temp, sizeof(temp), stdin);
                                fflush(stdin);
                        }
                        stu[i].score[j] = atoi(temp);
                        sum += stu[i].score[j];
                }
                stu[i].sum = sum;
                stu[i].average = sum / 3;
        }
```

```c
        printf("Information of Stu:\n");
        printf("%10s%7s%7s%7s%7s%7s\n", "姓名", "成绩1", "成绩2", "成绩3", "总分", "平均分");

        for (i = 0; i < 3; i++)
        {
            printf("%10s", stu[i].name);
            for (j = 0; j < 3; j++)
            {
                printf("%7d", stu[i].score[j]);
            }
            printf("%7.2f%7.2f", stu[i].sum, stu[i].average);
            printf("\n");
        }

        return 0;
}

int check(char str[12])
{
    int i;

    //空字符串
    if (strlen(str) == 0)
    {
        return 0;
    }

    for (i = 0; str[i] != '\0' && str[i] != '\n'; i++)
    {
        //整数字符串应该只有 0~9 的数字字符
        if (str[i] < '0' || str[i] > '9')
        {
            return -1;
        }
    }
    return 1;
}
```

9.4 共 用 体

共用体也称联合(Union)，是将不同类型的数据组织在一起共同占用同一段内存的一种自定义数据。与结构体类似，声明共用体的语法格式如下：

    union <共用体标识名称>
    {数据类型 成员1;
     数据类型 成员2;
     …
    };

例如：

    union example
    {
        int i;
        float f;
        char ch;
        double d;
        char arr[16];
    };

与结构体相同，声明共用体并不分配内存空间。

定义共用体变量的语法格式如下：

    union <共用体标识名称> <变量名称>;

例如，union example exam;，其中 exam 是共用体变量名，所有成员共用一段内存，分配的内存空间是最大成员的宽度。实例中 exam 会分配 16 个字节(成员 arr 占用的空间最多)，所有成员的首地址相同，如图 9-9 所示。

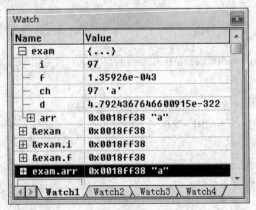

图 9-9　共用体变量使用内存情况

共用体成员的引用与结构体类似，语法格式如下：

    共用体变量名.成员名

例如，exam.i = 97;，与结构体不同之处在于现在 i 成员是 97，此时如果用其他成员去引用则会将整数 97 的补码二进制按引用成员的数据类型方式翻译。从图 9-9 中可见，整数 97 的二进制编码是单精度浮点数 $1.359\,26 \times 10^{-43}$ 的二进制编码。

例 9-4 共用体示例。

程序代码如下：

```c
#include <stdio.h>
#include <string.h>

union example
{
    int i;
    float f;
    char ch;
    double d;
    char arr[16];
};

int main(void)
{
    union example exam = {97};

    printf("字节数:%d\n", sizeof(exam));
    exam.i = 97;
    printf("%d\n", exam.i);
    strcpy(exam.arr, "abc");
    printf("%s\n", exam.arr);
    printf("%X\n", exam.i);
    return 0;
}
```

程序运行结果如图 9-10 所示。

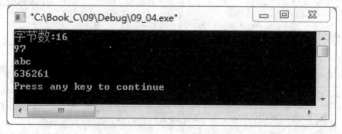

图 9-10 例 9-4 程序运行结果

由于同一内存单元在同一时刻只能存放其中一种类型的成员，即同一时刻只有一个成员有意义。因此，在同一时刻起作用的成员就是最后一次被赋值的成员。总之，不能为共用体的所有成员同时进行初始化，只能对第一个成员进行初始化。

采用共用体存储程序中逻辑相关但情形互斥的变量时，使其共享内存空间的好处是除了可以节省内存空间以外，还可以避免因操作失误而引起逻辑上的冲突。

例 9-5 职工信息——婚姻状况。

程序代码如下：

```
#include <stdio.h>

struct date
{
        int year;
        int month;
        int day;
};
struct marriedstate
{
        struct date marryday;
        char spousename[20];
        int child;
};
struct divorcestate
{
        struct date divorceday;
        int child;
};
struct widowedstate
{
        struct date widowedday;
        char spousename[20];
        int child;
};
union marritalstate
{
        char single[20];
        struct marriedstate married;
        struct divorcestate divorced;
        struct widowedstate widowed;
};
struct person
```

```c
{
        char name[20];
        int sex;
        int age;
        int marryflag;
        union marritalstate marital;
};

void input(struct person per[4]);
void output(struct person per[4]);
void selectsex();
void selectmarrital();

int main()
{
        struct person per[4];
        input(per);
        output(per);
        return 0;
}

void input(struct person per[4])
{
        int i;
        int year, month, day;

        for (i = 0; i < 4; i++)
        {
                printf("输入姓名:");
                scanf("%s", per[i].name);
                selectsex();
                scanf("%d", &per[i].sex);
                printf("输入年龄:");
                scanf("%d", &per[i].age);
                selectmarrital();
                scanf("%d", &per[i].marryflag);
                switch(per[i].marryflag)
                {
                        case 1:
```

```c
                    break;
            case 2:
                    printf("输入结婚日期:yyyy-mm-dd:");
                    scanf("%d-%d-%d", &year, &month, &day);
                    per[i].marital.married.marryday.year = year;
                    per[i].marital.married.marryday.month = month;
                    per[i].marital.married.marryday.day = day;
                    printf("输入配偶姓名:");
                    scanf("%s", per[i].marital.married.spousename);
                    printf("输入子女数量:");
                    scanf("%d", &per[i].marital.married.child);
                    break;
            case 3:
                    printf("输入离婚日期:yyyy-mm-dd:");
                    scanf("%d-%d-%d", &year, &month, &day);
                    per[i].marital.divorced.divorceday.year = year;
                    per[i].marital.divorced.divorceday.month = month;
                    per[i].marital.divorced.divorceday.day = day;
                    printf("输入子女数量:");
                    scanf("%d", &per[i].marital.divorced.child);
                    break;
            case 4:
                    printf("输入丧偶日期:yyyy-mm-dd:");
                    scanf("%d-%d-%d", &year, &month, &day);
                    per[i].marital.widowed.widowedday.year = year;
                    per[i].marital.widowed.widowedday.month = month;
                    per[i].marital.widowed.widowedday.day = day;
                    printf("输入配偶姓名:");
                    scanf("%s", per[i].marital.married.spousename);
                    printf("输入子女数量:");
                    scanf("%d", &per[i].marital.widowed.child);
                    break;
            }
        }
}


void selectsex()
{
        printf("1.男    2.女   请选择:");
```

```c
}

void selectmarrital()
{
        printf("1.未婚   2.已婚   3.离婚   4.丧偶      请选择:");
}


void output(struct person per[4])
{
        int i;
        printf("姓名\t 性别\t 年龄\t 婚姻状况\n");
        for (i = 0; i < 4; i++)
        {
                printf("%s\t", per[i].name);
                switch(per[i].sex)
                {
                        case 1:
                                printf("男\t");
                                break;
                        case 2:
                                printf("女\t");
                }
                printf("%d\t", per[i].age);
                switch(per[i].marryflag)
                {
                        case 1:
                                printf("未婚\n");
                                break;
                        case 2:
                                printf("已婚 子女数%d 结婚日期%d-%d-%d 配偶:%s\n",
                                        per[i].marital.married.child,
                                        per[i].marital.married.marryday.year,
                                        per[i].marital.married.marryday.month,
                                        per[i].marital.married.marryday.day,
                                        per[i].marital.married.spousename);
                                break;
                        case 3:
                                printf("离婚 子女数%d 离婚日期%d-%d-%d\n",
                                        per[i].marital.divorced.child,
```

```
                                    per[i].marital.divorced.divorceday.year,
                                    per[i].marital.divorced.divorceday.month,
                                    per[i].marital.divorced.divorceday.day);
                            break;
                    case 4:
                            printf("丧偶 子女数%d 丧偶日期%d-%d-%d 配偶:%s\n",
                                    per[i].marital.widowed.child,
                                    per[i].marital.widowed.widowedday.year,
                                    per[i].marital.widowed.widowedday.month,
                                    per[i].marital.widowed.widowedday.day,
                                    per[i].marital.widowed.spousename);
                    }
            }
    }
```

程序运行结果如图 9-11 所示。

图 9-11　例 9-5 程序运行结果

在职工信息管理中涉及个人婚姻状况时，有四种情况：未婚、已婚、离婚和丧偶。任何职工在同一时间只能处于其中一种状态。

9.5 枚举类型

枚举(Enumeration)即列举数据。当某量仅由有限个数据值组成时，通常用枚举类型来表示。枚举数据类型是由一组整型值描述的集合，使用关键字 enum 来声明和定义。例如：

enum week {Sunday, Monday, Tuesday, Wednesday, Thursday, Friday, Saturday};

enum week var = Tuesday;

枚举类型在声明和定义变量时与结构体相类似，在声明的花括号内标识符都是整型常量。没有特别指定时，第 1 个枚举常量值为 0，第 2 个枚举常量值为 1，第 3 个枚举常量值为 2，以后依次递增 1。使用枚举类型的目的是提高程序的可读性。

例 9-6 枚举类型示例。

程序代码如下：

```c
#include <stdio.h>

enum dizhi {Zi, Chou, Yin, Mao, Chen, Si, Wu, Wei, Shen, You, Xu, Hai};

int main(void)
{
    int year = 0;
    enum dizhi var = Zi;

    printf("请输入出生年:");
    scanf("%d", &year);

    var = (year-4) % 12;
    switch(var)
    {
        case Zi:
            puts("你的生肖是：鼠。");
            break;
        case Chou:
            puts("你的生肖是：牛。");
            break;
        case Yin:
            puts("你的生肖是：虎。");
            break;
        case Mao:
            puts("你的生肖是：兔。");
```

```
            break;
        case Chen:
            puts("你的生肖是：龙。");
            break;
        case Si:
            puts("你的生肖是：蛇。");
            break;
        case Wu:
            puts("你的生肖是：马。");
            break;
        case Wei:
            puts("你的生肖是：羊。");
            break;
        case Shen:
            puts("你的生肖是：猴。");
            break;
        case You:
            puts("你的生肖是：鸡。");
            break;
        case Xu:
            puts("你的生肖是：狗。");
            break;
        case Hai:
            puts("你的生肖是：猪。");
            break;
        default:
            puts("数据不合法。");
            break;
    }

    return 0;
}
```

程序运行结果如图 9-12 所示。

图 9-12　例 9-6 程序运行结果

9.6 用 typedef 声明类型

关键字 typedef 用于为系统已有的数据类型声明一个别名。例如：

        typedef unsigned int _uint32;

为 unsigned int 类型声明了一个新的名字_uint32，也就是说_uint32 与 unsigned int 是相同的，都是用于定义无符号整型数的。

当然也可以为结构体、共用体和枚举类型声明一个别名。例如：

        typedef struct _student
        {
                int number;
                char name[20];
                char sex;
                int year;
                int month;
                int day;
                double score[4];
        } student;

为结构体声明的 struct _student 类型又声明了一个别名 student。因此，定义该结构体变量可以用以下两种方法：

        struct _student st1;
        student st2;

注意，在使用 typedef 时，typedef 仅仅是为已存在的数据类型声明一个新的名称，本身并不是声明一种新的数据类型。

习   题

9.1   设某学校有信息登记表 9-3，采用最佳方式对它进行类型声明。

表 9-3   某学校信息登记表

编号	姓名	出生日期			所在学院	标识	学生			
		年	月	日			语文成绩	数学成绩	英语成绩	计算机成绩
							教师			
							职称	参加工作时间		
								年	月	日

9.2   请声明一个时钟结构体类型，包含"时、分、秒"3 个成员，将习题 7.2 中的全局变量改成用结构体变量作函数参数和返回值，重新编写该程序。

9.3   编程统计候选人的得票数。设有 4 个候选人 zhao、qian、sun、li(姓名不区分大小写)，20 个选民，选民每次输入一个得票的候选人的名字，若选民输错姓名则按废票处理。

选民投票结束后程序自动显示各候选人的得票结果和废票信息。使用结构体数组表示候选人的姓名和得票结果。

9.4　编程模拟统计"我是歌手"投票。设有 5 个歌手 deng、han、wei、luo、zhang(姓名不区分大小写)，18 名现场观众年龄分别是 20 组、30 组、40 组，每名观众可以投 2 位歌手。姓名错误或投了 2 位歌手以上均以废票处理。投票结束后程序显示每位歌手总票数、各年龄组投票数信息。

第 9 章习题参考答案

第 10 章 指 针

10.1 地址和指针的概念

指针(pointer)指内存地址。有了内存地址,则该地址所表示的内存空间就可以用表达式来引用。如果现在有一种变量可以放内存地址(之前的变量放数据),则使用该变量的表达式就可以引用相应内存地址里面的数据,称其为指针变量。指针即是内存空间的地址,不是用变量直接引用内存空间,而是采用存放地址的变量间接引用数据。如图 10-1 所示,可以使用 number 变量直接引用 0x12ffc0 地址里面的数据 123,也可以使用 pointer 指针变量(存放 0x12ffc0 指针)间接地引用数据 123。

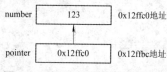

图 10-1   指针变量与内存的关系

10.2   变量的指针和指向变量的指针变量

变量的指针是该变量所表示的内存空间占用的内存地址。存放内存地址数据的变量称为指针变量,若存放的内存地址是另一个变量所表示的内存空间,则称该指针变量指向变量。如图 10-1 所示,number 变量的指针是 0x12ffc0,pointer 是指针变量,pointer 变量的指针是 0x12ffbc,pointer 指向 number。

10.2.1   指针变量的定义

定义指针变量的语法格式为

数据类型 * 变量名;

其中,数据类型是该指针变量所指向的内存空间存放的数据类型,该数据类型可以是各种类型,包括 char、double、struct student(结构体)和 void 等类型;"*"符号在定义时仅仅表示其后面跟着的变量是专门存放内存地址的指针变量。图 10-1 所示的指针变量定义为

int *pointer;

表示 pointer 所指向的内存空间(number 变量表示的空间)是整型。无论指向什么类型的内存空间,指针变量在 VC 中始终占 4 个字节。就像教室的编号(地址),无论教室能容纳听课的学生是多少(数据类型不同),其编号是固定长度,即指针是固定的。

10.2.2 指针变量的引用

指针变量也是变量,只不过该变量里面存放的是地址数据,不是整数等简单类型的数据。

指针变量的用法有两种。一种是修改指针变量里面的地址值,若修改该值则表示之前指向某内存空间,之后则指向另外的内存空间。例如:

　　pointer = &number;

执行上述代码后,就将 pointer 指针变量和整型变量 number 建立了一个关系,即让指针变量指向普通变量。

第二种是用 * 运算符对地址值进行运算。*pointer 表示地址所指向的内存空间。由于 *pointer 表示内存空间,所以可以使用 *pointer=5 来修改 pointer 指针变量所指向的内存空间的数据,也可以使用 *pointer 引用其所指向的内存空间的数据。pointer 指向哪个内存,则修改(或引用)哪个内存。例如:

　　*pointer += 5;

例 10-1 使用指针变量修改普通类型变量的值。

程序代码如下:

```c
#include <stdio.h>


int main(void)
{
        int i=3, j=5;
        int *pointer;

        printf("修改前 i=%d, j=%d\n", i, j);

        pointer = &i;        //pointer 指针变量得到 i 变量的指针
        *pointer = 10;       //间接修改 i 变量的内容
        pointer = &j;        //pointer 指针变量得到 j 变量的指针
        *pointer = 20;       //间接修改 j 变量的内容

        printf("修改后 i=%d, j=%d\n", i, j);
        return 0;
}
```

程序运行结果如图 10-2 所示。

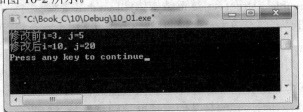

图 10-2　例 10-1 程序运行结果

该程序先让指针变量指向 i，然后修改其内容，再指向 j 后修改内容。对于指针变量，若让其指向某个可以读写的内存(如例 10-1 中的 pointer=&i)，则表达式"*pointer"就和变量 i 的用法完全相同，表示一个内存空间。

例 10-2 动态分配内存及释放示例。

程序代码如下：

```c
#include <stdio.h>
#include <stdlib.h>

int main(void)
{
    int *pointer;

    //printf("%d\n", *pointer);        //直接使用*pointer 表达式会出错
    pointer = NULL;
    pointer = (int *)malloc(sizeof(int));        //动态分配内存
    if (pointer == NULL)
    {
        return 0;
    }
    *pointer = 10;
    printf("%d\n", *pointer);
    free(pointer);
    pointer = NULL;
    return 0;
}
```

程序运行结果如图 10-3 所示。

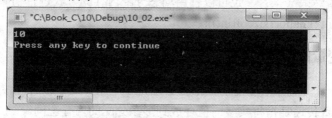

图 10-3 例 10-2 程序运行结果

定义了指针变量 pointer 后，当没有给指针变量动态分配可使用内存时，其内存里面是有数据的，调试如图 10-4 所示。

图 10-4 未分配可使用内存的指针变量

此时直接使用*pointer 表达式进行读写操作都会报错，因为 0xcccccccc 内存空间不允许读写，如图 10-5 所示。

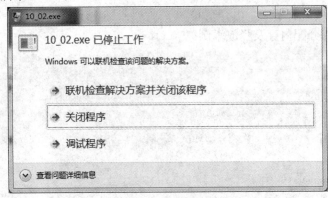

图 10-5　指针使用不当导致程序崩溃界面

为避免上述情况的发生，如果希望定义的指针变量能使用其指向内存空间，则必须进行内存分配操作。

使用库函数 malloc 可以动态分配内存，该函数在堆内存查找可用的连续内存空间，并将该内存空间的首地址返回，如果分配不成功则返回 NULL(0 值)。使用 malloc 函数需要头文件 stdlib.h(标准库)。例如，p=(int *)malloc(4);表示查找可用的连续 4 个字节内存的空间，并将该内存首地址强制转换为指向整型数据的指针赋值给 p。sizeof(int)表示计算整型数据类型的内存宽度。如果分配成功，就可以引用*p 来替换普通变量写程序。该内存空间使用完毕之后，使用代码 free(p)释放该内存空间。若程序只分配内存而不释放内存(或释放不完全)，称为内存泄漏。如果程序需要长时间执行，则有内存泄漏的程序会导致系统变慢并最终导致崩溃。

在定义指针变量的时候可以对指针变量进行初始化赋值。指针变量初始化的格式如下：

　　int *p=&i;

表示定义了一个指针变量 p，并且给 p 赋一个地址为 i 变量的地址。此处不要认为是 *p=&i，对于指针变量该表达式会报警。也可以使用动态分配内存的方式进行初始化，比如：

　　int *p=(int*)malloc(sizeof(int));

10.2.3　指针变量作函数参数

如果实参是一个地址类型数据，则形参必须是一个指针变量(只有指针变量里面才可以放地址)。函数参数传递是指将实参的值存放到形参分配的内存空间。

例 10-3　通过形参修改实参内容。

程序代码如下：

```
#include <stdio.h>

void fun(int *pointer);
int main(void)
{
```

```
        int i = 3;

        fun(&i);
        printf("%d\n", i);
        return 0;
    }

    void fun(int *pointer)
    {
        *pointer = 5;
    }
```

程序运行结果如图 10-6 所示。

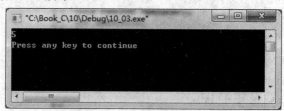

图 10-6　例 10-3 程序运行结果

如果实参是整型数据内存地址，则形参是指向整型的指针变量。通过形参的指向运算可以修改实参。通过这类函数，可以从函数中得到多个返回值。对例 10-3 进行调试，结果如图 10-7 所示。

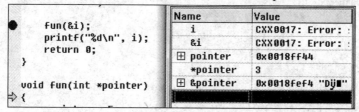

图 10-7　例 10-3 中 fun 函数调用前界面

将 i 的地址 0x0018ff44 作为实参，传递给形参指针变量 pointer，如图 10-8 所示。

图 10-8　例 10-3 中 fun 函数调用将实参地址传递给形参

形参变量 pointer 得到实参 i 变量的地址 0x0018ff44，而形参变量 pointer 自己占用的地址为 0x0018fef4。该程序在调用函数时的示意图如图 10-9 所示。

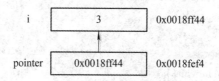

图 10-9　形参与实参关系示意图

通过*pointer 表达式就可以读写实参 i 变量内存里面的内容。

例 10-4   判断输入的两个数的大小，通过形参完成数据交换。

程序代码如下：

```
#include <stdio.h>
#include <stdlib.h>

void exchange(int *min, int *max);

int main(void)
{
        int *p, *q;
        p = (int *)malloc(sizeof(int));
        if (p == NULL)
        {
              return 0;
        }
        q = (int *)malloc(sizeof(int));
        if (q == NULL)
        {
              free(p);
              return 0;
        }
        printf("输入第 1 个数:");
        scanf("%d", p);
        printf("输入第 2 个数:");
        scanf("%d", q);

        if (*p > *q)
        {
              exchange(p, q);
        }
        printf("小值为%d，大值为%d。\n", *p, *q);
        free(p);
        free(q);
        return 0;
}

void exchange(int *min, int *max)
{
```

```
        int temp;

        temp = *min;

        *min = *max;

        *max = temp;

    }
```

程序运行结果如图 10-10 所示。

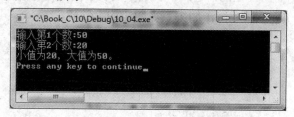

图 10-10　例 10-4 程序运行结果

此程序通过形参指针修改了数据。在调用 exchange 函数时，其示意图如图 10-11 所示。

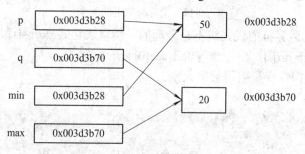

图 10-11　例 10-4 实参与形参关系示意图

指针变量 p 通过动态分配内存获得了 0x003d3b28 地址值，在调用函数 exchange 时将其内容传递给形参 min 变量，通过表达式*min 读写了 0x003d3b28 内存里面的数据。

10.3　数组与指针

数组名是常量指针，是该数组分配的内存空间的首地址。通过指针变量可以让指针指向该数组或其中的数组元素。

10.3.1　指向数组元素的指针

指向数组元素的指针和指向变量的指针用法相同。例如：

    int array[10] = {1, 2, 3, 4, 5};

    int *p = array;   //或 int *p = &array[2];，或 int *p = array+2;

以上代码将指针变量 p 指向数组首元素或下标为 2 的元素。

10.3.2　通过指针引用数组元素

使用指针变量指向数组首元素(将指针变量与数组建立指向关系):

```
int arr[5];

int * p = arr;
```

在后续代码中，p+i 表达式等价于&arr[i]，即表示下标为 i 的数组元素的地址，同样可以使用 arr+i 和&p[i]表达式获得该元素的地址。*(p+i)表达式等价于 arr[i]，即表示下标为 i 的数组元素空间。一旦指针变量 p 指向数组首地址，则在程序中使用*(p+i)、p[i]、*(arr+i)、arr[i]都表示元素 arr[i]的内存空间，这四个表达方式表示的是内存空间，故可以出现在赋值等号的左边。指针变量 p 与数组 arr 的关系如图 10-12 所示。

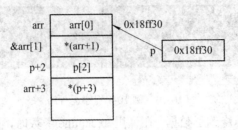

图 10-12　指针与数组的关系

由于"*"指向运算符的优先级不是最高的，所以表达式*(arr+i)和表达式(*arr)+i 意思不同。前一个等价于 arr[i]，后一个等价于 arr[0]+i。

例 10-5　通过指针变量引用数组元素。

程序代码如下：

```
#include <stdio.h>

int main(void)
{
        int i;
        int arr[5];
        int *p;

        p = arr;
        printf("请输入 5 个整数:\n");
        for (i = 0; i < 5; i++)
        {
                scanf("%d", p + i);
        }
        printf("输出:\n");
        for (i = 0; i < 5; i++, p++)
        {
                printf("%d ", *p);
        }
        printf("\n");
```

```
        return 0;
    }
```
程序运行结果如图 10-13 所示。

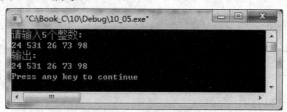

图 10-13　例 10-5 程序运行结果

代码中 p++ 相当于 p=p+1，p+1 是 arr[1]的内存地址，p=p+1 相当于 p=&arr[1]，是将指针变量 p 指向数组第二个元素(不再指向首元素)。在代码中若 p 指向数组某个元素，则可以使用 p+i 或 p-i 等表示该数组前后相关的元素地址，使用时注意不要越界。

实际上在运算 p+1 的这个 1 时与 p 指向的数据类型有关，示例中若指向整型，+1 相当于内存地址+4(整型占 4 个字节)；若指向双精度，则+1 相当于内存地址+8；若指向字符类型，则 +1 相当于内存地址 + 1。

10.3.3　数组名作函数参数

数组名表示的是数组的首地址，故以数组名作为实参传递时，形参是可以存放该实参类型的指针变量的。

例 10-6　数组名作函数实参。

程序代码如下：

```
#include <stdio.h>

void fun(int *q);

int main(void)
{
    int i;
    int array[5] = {1, 2, 3, 4, 5};
    fun(array);
    for (i = 0; i < 5; i++)
    {
        printf("%d ", array[i]);
    }
    printf("\n");
    return 0;

}
```

```
void fun(int *q)
{
        q[0] = 10;
        *(q+1) = 20;
        q += 2;
        *q = 30;
}
```

程序运行结果如图 10-14 所示。

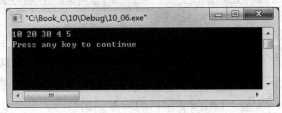

图 10-14   例 10-6 程序运行结果

例 10-7   数组名作函数形参。

程序代码如下:

```
#include <stdio.h>

void fun(int arr[5]);

int main(void)
{
        int i;
        int arr[5] = {1, 2, 3, 4, 5};

        fun(arr);
        //arr++;
        for (i = 0; i < 5; i++)
        {
                printf("%d ", arr[i]);
        }
        printf("\n");
        return 0;
}

void fun(int arr[5])
{
        arr++;
        *arr = 10;
```

```
    }
```

程序运行结果如图 10-15 所示。

"C:\Book_C\10\Debug\10_07.exe"
1 10 3 4 5
Press any key to continue

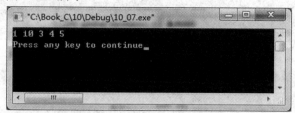

图 10-15　例 10-7 程序运行结果

该代码中，在定义 arr 数组的函数内，使用 arr++或 arr=arr+i 一类表达式时系统会报语法错误，和代码 3=5+2;或(a+b) = (x+y)相同，编译时会出现如图 10-16 所示的错误。

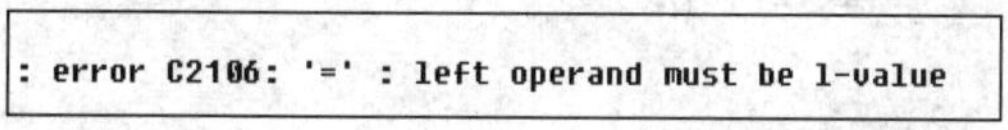

: error C2106: '=' : left operand must be l-value

图 10-16　“=”左侧不是内存空间的错误

这类错误指出赋值运算符(包括复合赋值运算符)左边必须是可存储数据的内存空间，如变量名称 i，指针所指内存*p 等。

但对于该程序中 fun 函数的形参数组 arr，可以使用 arr++类表达式，说明形参 arr 虽然是数组形式，但实质是指针变量。由于 fun 函数使用指针变量指向原数组首地址，在 fun 函数中并不确定原数组到底有多少个元素，通常会同时传递一个数组长度的参数来表示需要处理的数组长度。

10.3.4　多维数组与指针

在多维数组中，以二维数组为例，如 int array[5][6];，前面已经说明了 array[i]表示&array[i][0]，即第 i 行元素的首地址。根据调试结果，array 表示的值与&array[0][0]是相同的。但 array 二维数组的数组名是一个二阶地址，做一次指向运算，*array 相当于*(array+0)，表示的是&array[0][0]，这时*array 表达式还是一个地址值(做*指向运算或[]运算相当于降阶地址)。此时，再做一次指向运算**array 相当于*(*(array+0)+0)，表示的是 array[0][0]，这才是内存空间。在程序代码中使用表达式 array[i][j]、*(*(array+i)+j)、*(array[i]+j)、*(array+i)[j]均表示内存空间，这些表示内存空间的表达式可以出现在赋值等号的左边。

例 10-8　二维数组指向运算示例。

程序代码如下：

```
#include <stdio.h>

int main(void)
{
    int i, j, cnt = 1;
    int array[5][6];

    for (i = 0; i < 5; i++)
```

```
        {
            for (j = 0; j < 6; j ++)
            {
                array[i][j] = cnt++;
            }
        }

        printf("%d\n", array[2][3]);
        printf("%d\n", *(*(array+2)+3));
        printf("%d\n", *(array[2]+3));
        printf("%d\n", (*(array+2))[3]);
        return 0;
    }
```

程序运行结果如图 10-17 所示。

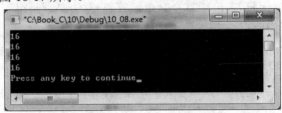

图 10-17 例 10-8 程序运行结果

由于 array 是二阶地址,在该地址上加 1 表示加了一行元素的宽度,即 array+1 表示 array[1][0]内存空间的二阶地址。此时 1 的长度为 4×6 字节(整型数据为 4 个字节,一行 6 个元素)。

同样,对于一个三维数组 int a[3][4][5];,数组名 a 表示一个三阶数组首地址,做一次指针运算(或[]数组运算)的表达式是一个二阶地址,如*(a+1)或 a[1];再做一次类似降阶运算,则是一个一阶地址,如*(*(a+1)+2)或 a[1][2];再做一次才表示存放普通数据的内存空间。故此时 a+1 的 1 表示的长度为 4×4×5 字节(整型数据为 4 个字节,高 3,宽 4,长 5),相当于一个矩形平面的元素个数。

指向二维数组的指针定义格式为

    int array[5][6];
    int (*p)[6];
    p=array;

其中,第二维数值要相同,不然处理时会按定义的第二维宽度计算。当 p 得到 array 二维数组二阶首地址以后,其表达式完全同 array,可以使用*(p+i)或 p[i]表示第 i+1 行一阶首地址。数组名和指针变量在使用*指向运算符时和[]数组运算效果相同。为了便于更多人阅读程序,建议数组采用[]数组下标运算格式,指针变量采用*指向运算格式,即用 array[i][j]和 *(*(p+i)+j)。

另外,int (*p)[5];和 int *p[5];意思不同。前一个指一个高阶指针变量(可以存放一个高阶地址）；后一个指一个数组有 5 个元素，这 5 个元素是 5 个指针变量。

10.4 字符串与指针

字符串是以数组形式存放在内存里的。字符串引用一般需要字符串的首地址。在字符数组中介绍的各类函数需要的都是存放字符串的首地址。

10.4.1 字符串的操作方式

在 C 语言程序中，可以用两种方法访问字符串：一种是用字符数组存放字符串，然后对该字符串进行操作，如修改、插入、删除和输出字符等；另一种是用指针指向字符串，然后对该字符串进行引用，如输出等。

例 10-9 数组指针引用字符串。

程序代码如下：

```c
#include <stdio.h>

int main(void)
{
        char arr[20] = "sample1";
        char *p = "sample2";

        printf("数组 1：%s\n", arr);
        printf("指针 2：%s\n", p);

        arr[6] = '3';
        //*(p+6) = '4';
        p = "sample1";
        printf("数组 3：%s\n", arr);
        printf("指针 4：%s\n", p);

        return 0;
}
```

程序运行结果如图 10-18 所示。

图 10-18 例 10-9 程序运行结果

使用字符数组时，是将字符常量复制一份到数组内存区域。使用指针时，是将字符串常量的首地址存放到指针变量内存空间，如图 10-19 所示。

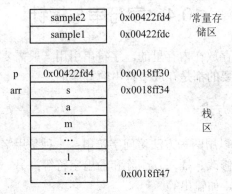

图 10-19   指向字符串的指针和字符数组内存使用情况

在代码中使用 arr[6]='3';等代码可以修改栈区数据。代码中使用 p="sample1"可以将字符串常量的首地址 0x00422fdc 赋值给指针变量 p。代码中使用*(p+6)='4';程序会崩溃，即 VC 不允许修改常量存储区的数据。另外，代码中不能使用 arr="sample2";，该表达式表示将字符串地址赋值给 arr 数组常量，与 arr=arr+1;是相同错误。

10.4.2   字符指针作函数参数

当需要修改实参数组内容时，需要将内存空间首地址传递到形参指针变量里，通过指针指向内存空间可以修改实参数据。

例 10-10   字符指针作函数参数示例。

程序代码如下：

```c
#include <stdio.h>

void copy_str(char *, char *);

int main(void)
{
        char arr1[20] = "first";
        char arr2[20] = "second";
        printf("字符串 1:%s\n 字符串 2:%s\n", arr1, arr2);
        copy_str(arr1, arr2);
        printf("函数调用后:\n 字符串 1:%s\n 字符串 2:%s\n", arr1, arr2);
        return 0;
}

void copy_str(char *from, char *to)
{
```

```
        int i;
        for (i = 0; *(from + i) != '\0'; i++)
        {
                *(to + i) = *(from + i);
        }
        *(to + i) = '\0';
}
```

程序运行结果如图 10-20 所示。

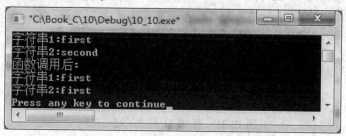

图 10-20 例 10-10 程序运行结果

10.4.3 const 类型限定符

当使用指针或数组名作函数实参时，可以让实参内容获得修改后的数据。但有时我们只希望将数据传递到被调用的函数内，而不希望原始数据被修改，此时可以使用 const 关键字对参数进行限定，防止数据被修改，也让函数的功能更明确。

例 10-11 const 限定符示例 1。

程序代码如下：

```
#include <stdio.h>

unsigned int stringlen(const char *pstr);

int main(void)
{
        char arr[80]="";
        printf("请输入字符串:");
        gets(arr);
        printf("该字符串长度:%d\n", stringlen(arr));
        return 0;
}

unsigned int stringlen(const char *pstr)
{
        int len;
```

```
        for (len = 0; *(pstr+len) != '\0'; len++)
        {
                ;
        }
        //*pstr = 'A';
        return len;
}
```

程序运行结果如图 10-21 所示。

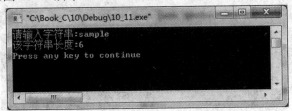

图 10-21　例 10-11 程序运行结果

该代码可以计算字符串长度。代码中如果有*pstr = 'A';修改实参内容语句，则会报语法
错误，如图 10-22 所示。

```
error C2166: l-value specifies const object
```

图 10-22　修改常变量内存数据错误

const 可以声明变量本身的值和指针变量指向的数据。声明位置不同，含义不同。

例 10-12　const 限定符示例 2。

程序代码如下：

```
#include <stdio.h>

int main(void)
{
        const int a = 10;
        int b = 20;
        const int *p = &b;
        int * const q = &a;
        const int * const r = &a;

        printf("a=%d, &a=%p, b=%d, &b=&p, p=%p, *p=%d\n", a, &a, b, &b, p, *p);
        printf("q=%p, *q=%d r=%p, *r=%d\n", q, *q, r, *r);

        //a = 100;          //语法错
        //*p = 200;         //语法错
        //q = &b;           //语法错
```

```
        //r = &b;         //语法错
        //*r = 100;        //语法错
        *q = 100;
        p = &a;
        printf("a=%d, &a=%p, b=%d, &b=&p, p=%p, *p=%d\n", a, &a, b, &b, p, *p);
        printf("q=%p, *q=%d r=%p, *r=%d\n", q, *q, r, *r);

        *((int *)&a) = 101;
        *((int *)&(*p)) = 202;
        *((int **)&q) = &b;
        printf("a=%d, &a=%p, b=%d, &b=&p, p=%p, *p=%d\n", a, &a, b, &b, p, *p);
        printf("q=%p, *q=%d r=%p, *r=%d\n", q, *q, r, *r);

        *((int **)&r) = &b;
        *((int *)r) = 102;
        printf("a=%d, &a=%p, b=%d, &b=&p, p=%p, *p=%d\n", a, &a, b, &b, p, *p);
        printf("q=%p, *q=%d r=%p, *r=%d\n", q, *q, r, *r);

        return 0;
    }
```

程序运行结果如图 10-23 所示。

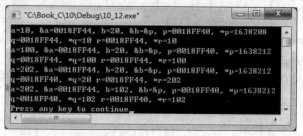

图 10-23　例 10-12 程序运行结果

图 10-23 中，a 变量是常整数，不能直接修改；*p 是一个常量，不能修改；q 是一个常量，不能修改。即代码中出现 a=100;或*p=200;或 q=&b 都不合法。在 C 语言中可以使用语句 p=&a;*q=100;修改没有被 const 限定的内容，当然也可以使用表达式的方法(先计算地址的表达式，再修改地址里面的内容)修改数据内容。

另外，在代码中使用 int const 和 const int 意义相同。但习惯使用后一种写法。

10.5　指向结构体类型的指针

结构体变量的指针就是该变量所占据的内存段的起始地址。可以定义一个指针变量来指向一个结构体变量，也可以动态分配内存存放结构体各成员数据。

10.5.1　指向结构体数据类型的指针

与指向普通数据类型的指针变量相同，在 C 语言中也可以定义指向结构体数据类型的指针变量。

例 10-13　指向结构体数据类型的指针变量。

程序代码如下：

```c
#include <stdio.h>
#include <stdlib.h>
#include <string.h>

typedef struct _info
{
        int number;
        char name[20];
        char *address;
} Info, *pInfo;

int main()
{
        Info te = {1001, "Zhao"};
        pInfo p, q;

        te.address = (char *)malloc(80);
        strcpy(te.address, "RenMinNanLuErDuan");
        printf("No:%d    name:%s    address:%s\n", te.number, te.name, te.address);

        p = &te;
        printf("No:%d    name:%s    address:%s\n", (*p).number, (*p).name, (*p).address);

        q = (pInfo)malloc(sizeof(Info));
        q->number = 1002;
        strcpy(q->name, "Qian");
        q->address = (char *)malloc(80);
        strcpy(q->address, "ChangLeXiaoQu");
        printf("No:%d    name:%s    address:%s\n", q->number, q->name, q->address);

        free(te.address);
        free(q->address);
        free(q);
```

```
        return 0;
    }
```

程序运行结果如图 10-24 所示。

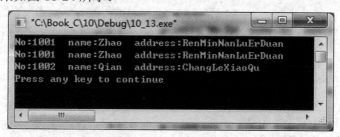

图 10-24　例 10-13 程序运行结果

在引用结构体成员时，有如下三种方法可以使用：

(1) 结构体变量名.成员名。

(2) (*指针变量名).成员名。

(3) 指针变量名->成员名。

指向结构体运算符 "->"(由减号、大于号组成)专用于指向结构体类型的指针变量。若指针变量指向结构体变量，则三种写法等价。

另外，在例 10-13 代码中使用 typedef 时，不仅为该结构体声明了新数据类型名称 Info，还为该结构体指针声明了新类型名称 pInfo。即使用 Info 相当于使用结构体类型，使用 pInfo 相当于使用指向结构体类型的指针类型。

10.5.2　指向结构体数组的指针

使用指向结构体数组的指针变量与使用指向一维数组的指针变量类似，都可以修改指针变量的值。

例 10-14　指向结构体数组的指针变量示例。

程序代码如下：

```
#include <stdio.h>

typedef struct _test
{
    int i;
    double d;
    char str[16];
} Test, *pTest;

int main(void)
{
    int i;
    Test te[10] =    {{1, 1.1, "111"}, {2, 2.2, "222"},
```

```
                        {3, 3.3, "333"}, {4, 4.4, "444"}};
        pTest p, q;


        p = te;
        for (i = 0; i < 2; i++)
        {
            printf("%d,%.2f,%s\n", (p+i)->i, (p+i)->d, (p+i)->str);
        }
        for (q = te+2; q < te+4; q++)
        {
            printf("%d,%.2f,%s\n", q->i, q->d, q->str);
        }
        return 0;
    }
```

程序运行结果如图 10-25 所示。

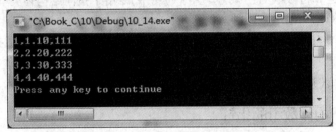

图 10-25　例 10-14 程序运行结果

在例 10-14 的代码中，p+i 表达式的值实际是下标 i 的结构体元素的地址。调试结果如图 10-26 所示。

Watch	
Name	**Value**
⊞ te	0x0018fe04
⊞ p	0x0018fe04
⊞ p+1	0x0018fe24
⊞ q	0x0018fe44

图 10-26　指向结构体的指针变量与结构体的关系

图 10-26 中，结构体数组首地址是 0x18fe04，每个结构体数组元素宽为 32 个字节，即 0x20 个字节，故 p+1 表达式表示 te[1] 的地址。

10.5.3　用结构体变量和指向结构体的指针作函数参数

实参是结构体变量时，形参就是结构体变量，修改形参值不会修改到实参数据。当实参是结构体类型指针时，形参就需要使用指向结构体类型的指针变量，修改形参所指向的内存数据就会修改到实参数据。

例 10-15 结构体类型函数参数示例。

程序代码如下：

```
#include <stdio.h>

typedef struct _stu
{
        int number;
        char name[20];
        int score[2];
} Stu, *pStu;

void display(Stu st);
void modify(pStu pst, int n);

int main(void)
{
        int i;
        Stu st[2] = {1001, "Zhao", 82, 77, 1002, "Qian", 79, 88};

        for (i = 0; i < 2; i++)
        {
                display(st[i]);
        }
        modify(st, 2);

        for (i = 0; i < 2; i++)
        {
                display(st[i]);
        }
        return 0;
}

void display(Stu st)
{
        printf("学号:%d   姓名:%s   成绩 1:%d   成绩 2:%d\n", st.number, st.name, st.score[0], st.score[1]);
}

void modify(pStu pst, int n)
```

```
    {
        int i;
        for (i = 0; i < n; i++, pst++)
        {
            pst->number += 100;
        }
    }
```

程序运行结果如图 10-27 所示。

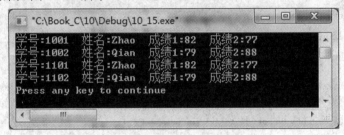

图 10-27　例 10-15 程序运行结果

10.6　返回指针值的函数

函数可以不返回值，可以返回整数、浮点数、字符类型等，也可以返回指针型数据。例如，字符串复制函数 strcpy 的函数原型为

　　char *strcpy(char *strDestination, const char *strSource);

字符串连接函数 strcat 的函数原型为

　　char *strcat(char *strDestination, const char *strSource);

这两个字符串的返回值均为形参 strDestination 里面的值，即是主调函数传递的字符串首地址。这些字符串函数返回的指针可以非常方便地嵌套调用函数。如：

　　n = strlen(strcpy(str1, strcat(str2, str3)));

上述表达式是将字符串 str2 和 str3 连接后复制到 str1 中，并求出连接后字符串的长度赋值给 n。

例 10-16　动态可变一维数组示例。

程序代码如下：

```
#include <stdio.h>
#include <stdlib.h>

int *assign(int size, int n);
void destroy(int *p);

int main(void)
{
```

```
        int i, n;
        int *test;

        printf("输入一维数组长度:");
        scanf("%d", &n);
        test = assign(sizeof(int), n);
        if (test == NULL)
        {
            return 0;
        }
        for (i = 0; i < n; i++)
        {
            test[i] = i + 1;
            printf("%d ", test[i]);
        }
        printf("\n");
        destroy(test);
        return 0;
    }

    int *assign(int size, int n)
    {
        return (int *)malloc(size * n);
    }

    void destroy(int *p)
    {
        free(p);
    }
```

程序运行结果如图 10-28 所示。

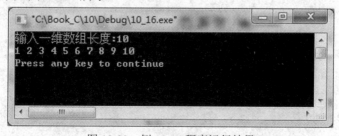

图 10-28　例 10-16 程序运行结果

　　数组定义要求一开始就定义数组元素个数。使用该方法可以借用指针来当数组使用，而且可根据需要动态调整数组长度。

10.7 指针数组和指向指针的指针

10.7.1 指针数组的概念

如果一个数组的元素均是指针，则该数组被称为指针数组。

使用指针数组处理字符串非常合适。由于字符串长度不定，使用二维字符数组处理会浪费大量存储空间。

例 10-17 字符串排序。

程序代码如下：

```c
#include <stdio.h>
#include <stdlib.h>
#include <string.h>

int main(void)
{
    int i, j, len;
    char *temp;
    char *str[5];

    printf("请输入 5 个字符串:\n");
    temp = (char *)malloc(80);
    for (i = 0; i < 5; i++)
    {
        fgets(temp, 80, stdin);
        fflush(stdin);
        len = strlen(temp);
        if (temp[len-1] == '\n') //将最后一个换行符去掉
        {
            temp[len-1] = '\0';
            len--;
        }
            len++;
        str[i] = (char *)malloc(sizeof(char)*len);
        strcpy(str[i], temp);
    }
    free(temp);

    //排序
    for (i = 0; i < 5; i++)
```

```
        {
            for (j = 0; j < 5 - i - 1; j++)
            {
                if (strcmp(str[j], str[j+1]) > 0)
                {
                    temp = str[j];
                    str[j] = str[j+1];
                    str[j+1] = temp;
                }
            }
        }

        printf("排序后输出结果:\n");
        for (i = 0; i < 5; i++)
        {
            printf("%s\n", str[i]);
        }

        for (i = 0; i < 5; i++)
        {
            free(str[i]);
        }
        return 0;
}
```

程序运行结果如图 10-29 所示。

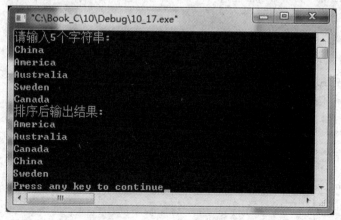

图 10-29   例 10-17 程序运行结果

    该代码排序与之前二维数组排序不同，二维数组排序是通过直接修改内存里面的数据
得到的有序结果。而本排序方法修改的是指针数组里面的地址值，字符串内存空间没有发
生变化。内存数据变化如图 10-30 所示。

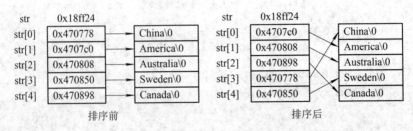

图 10-30 例 10-17 内存数据变化情况

10.7.2 指向指针的指针

指针变量指向的内存空间不仅可以是普通数据，也可以是另一个指针，如图 10-31 所示。图中，test 就是指向指针的指针。

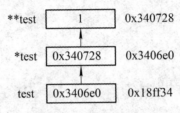

图 10-31 指向指针的指针

例 10-18 动态可变二维数组示例。

程序代码如下：

```c
#include <stdio.h>
#include <stdlib.h>

int **assign(int size, int n1, int n2);
void destroy(int **p, int n1, int n2);

int main(void)
{
    int i, j, n1, n2;
    int **test;



    printf("输入二维数组行数和列数:");
    scanf("%d%d", &n1, &n2);
    test = assign(sizeof(int), n1, n2);
    if (test == NULL)
    {
        return 0;
```

```c
        }
        for (i = 0; i < n1; i++)
        {
            for (j = 0; j < n2; j++)
            {
                test[i][j] = i + j + 1;
                printf("%d ", test[i][j]);
            }
            printf("\n");
        }
        destroy(test, n1, n2);
        return 0;
}

int **assign(int size, int n1, int n2)
{
        int i, j;
        int **q = (int **)malloc(sizeof(int*) * n1);

        if (q == NULL)
        {
            return 0;
        }
        for (i = 0; i < n1; i++)
        {
            *(q+i) = (int *)malloc(size * n2);
            if (*(q+i) == NULL)
            {
                for (j = 0; j < i; j++)
                {
                    free(*(q+j));
                }
                free(q);
                return 0;
            }
        }
        return q;

}
```

```
void destroy(int **p, int n1, int n2)
{
    int i;
    for (i = 0; i < n1; i++)
    {
        free(*(p+i));
    }
    free(p);
}
```

程序运行结果如图 10-32 所示。

图 10-32　例 10-18 程序运行结果

使用指向指针的指针可以建立动态二维数组。动态二维数组表面看是二维数组，实际并不是二维数组。其实际使用的内存情况如图 10-33 所示。

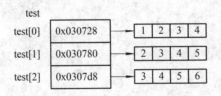

图 10-33　例 10-18 内存使用情况

10.7.3　指针数组作 main 函数的形参

在 Windows 系统的命令提示符或 Linux 终端工作模式下，需要使用键盘键入命令来操作。例如，在命令提示符工作模式下要将文件 C 根盘的 file1.txt 复制成 D 盘 test 文件夹下名为 file2.txt 的文件，命令如图 10-34 所示。

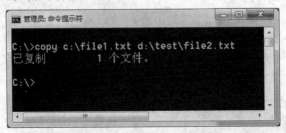

图 10-34　命令行工作方式

这种运行程序的方式称为命令行。命令行中 copy、c:\file1.txt 和 d:\test\file2.txt 称为命令行参数，其中，copy 是复制操作的命令名参数，c:\file1.txt 为复制的源文件信息参数，d:\test\file2.txt 为目标文件信息参数。参数之间用一个或多个空格分隔。

在 C 语言程序中，可以通过带参数的 main 函数来获得这些参数信息。

例 10-19 带参数的 main 函数示例。

程序代码如下：

```c
#include <stdio.h>

int main(int argc, char * argv[])
{
    int i;

    printf("命令：%s\n", argv[0]);
    printf("参数：\n");
    for (i = 1; i < argc; i++)
    {
        printf("第%d 个参数:%s\n", i, argv[i]);
    }
    return 0;
}
```

程序运行结果如图 10-35 所示。

图 10-35 例 10-19 程序运行结果

C 语言规定，main 函数的形参只有两种，第一种是 void 无参，第二种就是示例中的形参。在带参数的 main 函数中，第一个参数是整型，表示命令和参数的个数，即有空格分隔的字符串个数(含程序字符串)；第二个参数是字符串指针数组，分别存放各个字符串的首地址。

调试运行带参数的程序有两种方法，第一种是直接使用 VC 的调试对话框输入各参数。单击"Project"菜单，如图 10-36 所示。

图 10-36 Project 菜单

点击"Settings..."打开对话框，选择 Debug 选项卡。在"Program arguments:"下面的文本框中填入需要增加的参数，如图 10-37 所示。

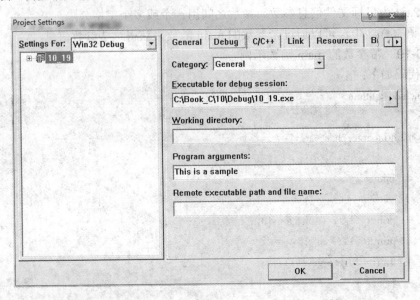

图 10-37　"Project Settings"对话框"Debug"选项卡的界面

点击"OK"按钮后，运行结果如图 10-35 所示。

另一种方法是在命令提示符中输入相应的命令和参数，运行结果如图 10-38 所示。

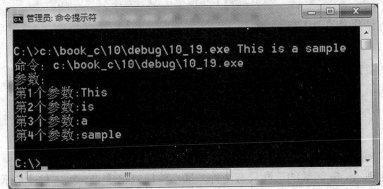

图 10-38　以命令行工作方式运行例 10-19 的运行结果

10.8　指向函数的指针

程序在运行时，函数也是放在内存里面的。每个函数都有一个入口地址，即函数的代码首地址。使用指针指向函数入口地址，即可以使用指针调用相应的函数。

10.8.1　用函数指针变量调用函数

若需要函数指针来调用函数，则必须先声明指向函数的指针，其定义格式如下：

函数类型　(*函数指针名)(函数形参表);

其中，函数类型必须匹配要调用的函数类型，函数形参表要匹配调用的函数形参表。例如：

     int max(int x, int y);

     int min(int x, int y);

     int (*fun)(int x, int y);

其中，前两个函数是普通函数声明，最后一行就是声明指向函数的指针*fun，该声明的类型和形参表必须与要调用的函数匹配。

在调用相关函数前，只需要让指向函数的指针得到函数入口地址，再调用即可。例如：

     fun = max;

     z = (*fun)(x, y);

     fun = min;

     z = (*fun)(x, y);

其中，第二行相当于 z=max(x,y);语句，第四行相当于 z=min(x,y);语句。

10.8.2　用指向函数的指针作函数参数

指向函数的指针通常作为函数参数来运用。

例 10-20　随机生成 n 个整数，按升序或降序排序。

程序代码如下：

```c
#include <stdio.h>
#include <stdlib.h>
#include <time.h>

void create(int *arr, int n);
void output(int *arr, int n, int (*compare)(int first, int second));
int ascending(int first, int second);
int descending(int first, int second);

int main(void)
{
    int option = 0;
    int n = 0;
    int *arr;
    printf("请输入需要的整数个数(10-50):");
    scanf("%d", &n);
    if (n < 10 || n > 50)
    {
        return 0;
    }
    arr = (int *)malloc(sizeof(int) * n);
```

```
        create(arr, n);

        output(arr, n, ascending);        //升序输出
        output(arr, n, descending); //降序输出

        free(arr);
        return 0;
}

void create(int *arr, int n)
{
        int i;

        srand((unsigned)time(NULL));
        for (i = 0; i < n ;i++)
        {
                arr[i] = rand();
        }
}

void output(int *arr, int n, int (*compare)(int first, int second))
{
        int i, j, temp;
        for (i = n - 1; i >= 0; i--)
        {
                for (j = n - 1; j > n - i - 1; j--)
                {
                        if ((*compare)(arr[j], arr[j-1]))        //调用函数指针 compare 指向的函数
                        {
                                temp = arr[j];
                                arr[j] = arr[j-1];
                                arr[j-1] = temp;
                        }
                }
                printf("%d ", arr[n-i-1]);
        }
        printf("\n");
}
```

```
int ascending(int first, int second)

{

        return first < second;

}


int descending(int first, int second)

{

        return first > second;

}
```

程序运行结果如图 10-39 所示。

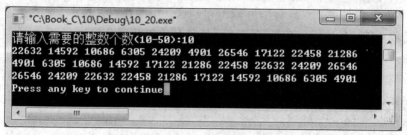

图 10-39 例 10-20 程序运行结果

代码中 rand 函数用于生成伪随机数。伪随机数并不是真正的随机数,而是通过算法模拟产生的。每个伪随机数的生成依赖于前一个伪随机数。srand 函数通过读取系统时钟得到随机种子(第 1 个生成的伪随机数的前一个称为随机种子),如果不使用 srand 函数,则程序每次结果都相同。

习　题

10.1　结合例 10-4 程序,如果修改 exchange 函数是否能实现两数交换?
(1) 程序代码如下:
```
void exchange(int *min, int *max)

{

        int *temp;

        *temp = *min;

        *min = *max;

        *max = *temp;

}
```
(2) 程序代码如下:
```
void exchange(int *min, int *max)

{

        int *temp;

        temp = min;
```

```
        min = max;

        max = temp;

    }
```

10.2　按给定函数原型用函数编程解决日期转换问题(考虑闰年情况)。

(1) 输入某年某月某日，计算并输出它是这一年的第几天。

/*　函数功能：对给定的某年某月某日，计算它是这一年的第几天

　　函数入口参数：整型变量 year、month、day，分别代表年、月、日

　　函数出口参数：整型指针 pyearday，指向存储这一年的第几天的整型变量

　　函数返回值：无*/

void datetoyearday(int year, int month, int day, int *pyearday);

(2) 输入某一年的第几天，计算并输出它是这一年的几月几日。

/*　函数功能：给定某一年，第几天，计算是该年几月几日

　　函数入口参数：整型变量 year，表示年，yearday 表示该年第几天

　　函数出口参数：整型指针 pmonth，指向存储这一年第几月的整型变量，pday 指向
　　存储这一年第几日的整型变量

　　函数返回值：无*/

void yeardaytodate(int year, int yearday, int *pmonth, int *pday);

10.3　使用指针数组编写程序，输入月份号，输出该月的英文名。例如，若输入"5"，则输出"May"；若输入的月份值不在 1～12 内，则输出"Illegal month"。

10.4　改写习题 9.2，使用结构体指针变量作函数参数(函数返回值为 void)。

10.5　编程模拟洗牌和发牌过程。一副扑克有 52 张牌，分为 4 种花色(suit)：黑桃(Spades)、红桃(Hearts)、草花(Clubs)、方块(Diamonds)。每种花色又有 13 张牌面(face)：A，2，…，10，Jack，Queen，King。使用结构体数组 card 表示 52 张牌，每张牌包括花色和牌面，并使用随机函数发牌给 4 个人。

10.6　使用带参数的 main 函数完成两整型数求和、差、积、商、余。例如：

程序名称为 test.exe。

输入：test 1 + 2。

输出：3。

输入：test 1 / 2。

输出：0.50(保留两位小数)。

第 10 章习题参考答案

第11章 文件操作

11.1 C语言文件概述

文件是指存储在外部存储器上的数据。操作系统是以文件为单位对数据进行管理的。如果需要从外部存储设备上获得数据，则需要先按文件名找到文件，再从中读取数据。

前面各章中的输入和输出都是以终端为对象的。对于操作系统而言，每个输入/输出设备都是一个文件。

在程序运行中，经常需要将一些数据输出到磁盘上，在需要的时候从磁盘中输入到内存中。

C语言按照字节序列来组织文件，文件分为文本文件和二进制文件两类。文本文件用ASCII字符存放数据，使用记事本可以直接阅读。二进制文件把内存中的数据按其在内存中的存储形式原样存放在磁盘中，使用记事本阅读会显示乱码。例如一个整数305 419 896(十六进制值为12 345 678)，若按文本方式存放，则存放该数的ASCII字符序列，共占9个字节；若按二进制方式存放，则存放该数据类型的宽度(VC占4个字节)，如图11-1所示。

整数在内存中的存储形式

01111000	01010110	00110100	00010010

整数在二进制文件中的存储形式

01111000	01010110	00110100	00010010

整数在文本文件中的存储形式

00110011	00110000	00110101	00110100	00110001	00111001	00111000	00111001	00110100

图11-1 整数在内存、二进制文件、文本文件中的存储形式

图11-1中，文本文件分别存放的是字符3、字符0等的ASCII值，故可以使用记事本查阅，如图11-2所示。

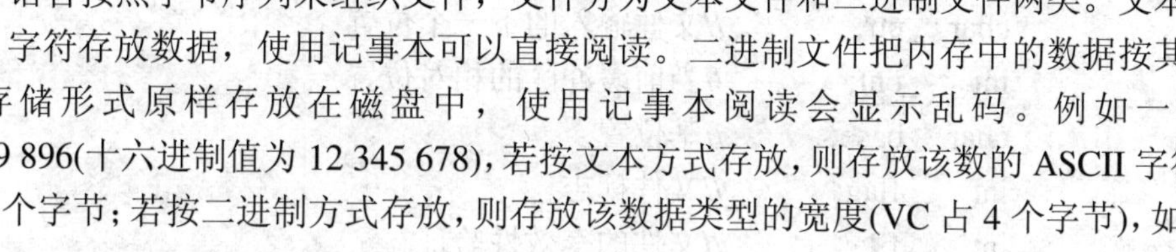

图11-2 查阅文本文件

若二进制文件直接存放数据，则使用记事本查阅时会将该数据当作ASCII码翻译后显示，此时看到的内容是对应的ASCII字符，如图11-3所示。查阅二进制文件最好使用WinHex

一类的专用软件。

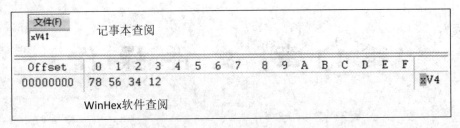

图 11-3　查阅二进制文件

在 C 语言中没有输入/输出专用语句，对文件的输入/输出都是由库函数来实现的。

11.2　文件处理流程

每个被使用的文件都需要在内存中开辟一个区域，存放文件的相关信息(如文件名称、文件状态及文件当前位置等)。这些信息保存在一个结构体变量中。该结构体 FILE 是由系统定义的，在 stdio.h(VC)中声明如下：

```
struct _iobuf {
        char *_ptr;          //文件输入的下一个位置
        int    _cnt;          //当前缓冲区的相对位置
        char *_base;         //基位置
        int    _flag;         //文件标志
        int    _file;         //文件的有效性验证
        int    _charbuf;      //检查缓冲区状况
        int    _bufsiz;       //文件的大小
        char *_tmpfname;     //临时文件名
        };
    typedef struct _iobuf FILE;
```

C 语言中文件的使用就是不断地使用已有库函数对定义的文件指针进行操作。操作流程如下：

(1) 定义文件类型指针，如 FILE *fp;。

(2) 调用库函数打开文件，如 fp=fopen(文件名,打开文件的操作方式);。

(3) 调用库函数对文件进行操作(读写、定位等)，如 fprintf(fp, "%d", number);。

(4) 关闭已打开的文件，如 fclose(fp);。

例 11-1　输出九九乘法表到文件"九九乘法表.txt"。

程序代码如下：

```
#include <stdio.h>


int main(void)
{
```

```
        int i, j;
        FILE *fp;

        fp = fopen("九九乘法表.txt", "w");              //打开文件，采用写方式
        if (fp == NULL)                                  //打开文件失败
        {
            printf("新建文本文件失败!\n");
            return 0;
        }
        for (i = 1; i <= 9; i++)
        {
            for (j = 1; j <= i; j++)
            {
                fprintf(fp, "%dx%d=%2d ", j, i, i*j);     //写文件
            }
            fprintf(fp, "\n");                            //写文件
        }
        fclose(fp);                                       //关闭文件
        return 0;
    }
```

该程序运行后屏幕无输出。但在该 C 源代码同一个文件夹下会新建文本文件"九九乘法表.txt"，其中的内容如图 11-4 所示。

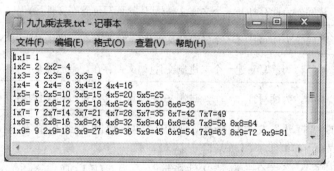

图 11-4　例 11-1 运行后生成的文件

11.3　文件的打开与关闭

程序语言中，在对文件进行操作前，应先打开文件。文件操作完成后，应关闭文件。

11.3.1　文件打开函数

C 语言使用 fopen 库函数来打开文件。该函数原型为

FILE *fopen(const char *filename, const char *mode);

其中，函数的返回值为文件指针，即需要定义文件指针来获得该函数的返回值以指向需要操作的文件；第一个形参是需要打开的文件名称，可以包含文件路径(详见附录 G)；第二个形参是对文件的操作方式。

例如：

fp = fopen("C:\\windows\\abc.txt", "w+");

其中，文件路径连接符使用"\\"符号是因为在 C 语言中需要使用转义字符。

文件操作方式见表 11-1。

表 11-1　文件操作方式

文件操作方式	含　义
"r"	只读，为输入打开一个文本文件(如文件不存在，则函数返回 NULL)
"w"	只写，为输出新建一个文本文件(如文件存在，则删除重建)
"a"	只写，向文本文件尾添加数据(如文件不存在，则新建)
"rb"	只读，为输入打开一个二进制文件(如文件不存在，则函数返回 NULL)
"wb"	只写，为输出新建一个二进制文件(如文件存在，则删除重建)
"ab"	只写，向二进制文件尾添加数据(如文件不存在，则新建)
"r+"	读写，为读写打开一个文本文件(如文件不存在，则函数返回 NULL)
"w+"	读写，为读写新建一个文本文件(如文件存在，则删除重建)
"a+"	读写，为读写打开一个文本文件(默认的读写位置在文件尾)
"rb+"	读写，为读写打开一个二进制文件(如文件不存在，则函数返回 NULL)
"wb+"	读写，为读写新建一个二进制文件(如文件存在，则删除重建)
"ab+"	读写，为读写打开一个二进制文件(默认的读写位置在文件尾)

如果不能实现"打开"文件的操作，则该函数会返回 NULL 值表示出错。出错的原因可能是读一个不存在的文件，磁盘故障，磁盘已满无法建立新文件等。所以在文件指针获得该函数的返回值后，经常会判断该文件指针是否为 NULL 值。

在程序开始运行时，系统会打开三个标准文件，即标准输入、标准输出、标准出错，输出对应三个文件指针 stdin、stdout 和 stderr。之前的键盘输入、显示器输出等库函数会自动使用对应的标准输入、输出文件指针进行操作。

11.3.2　文件关闭函数

对于使用 fopen 打开的文件，在完成文件操作后，应关闭该文件，以防止文件被误用。"关闭"操作就是使文件指针变量不再与文件相关，即不再能通过文件指针操作文件。文

件关闭使用库函数 fclose，其函数原型为

      int fclose(FILE *stream);

例如：

      fclose(fp);

函数参数就是打开的文件指针。如果文件正常关闭则函数返回 0 值，否则返回 EOF(-1)。

11.4 文件的读写

文件打开以后就可以对文件进行需要的操作了，其中最主要的操作就是读/写文件。由于文本文件和二进制文件的控制字符不同(主要是换行符不同)，因此文件操作方式的字节数也有差异，建议使用对应的读写库函数，即二进制文件采用二进制读/写库函数，文本文件采用文本读/写库函数。

11.4.1 文本文件读写函数

被读/写的文本文件均可以使用记事本打开并查看。但由于文件中有不显示的换行、空格等字符，所以在读/写文本文件时需要注意。

(1) 格式读/写文件函数 fscanf 和 fprintf。这一对函数与 scanf 和 printf 非常相似。函数 fscanf 与函数 scanf 在使用上的区别：① 前者比后者在实参上多了一个参数；② 函数 scanf 是从终端(键盘)上读入数据，而函数 fscanf 是从文件中读入数据。

fscanf 的函数原型为

      int fscanf(FILE *stream, const char *format [, argument]···);

在调用 fscanf 时，第一个参数是打开的文件指针，后两个参数的意义和用法与 scanf 的一致。函数的返回值表示正确读入的数据个数。例如：

      flag = fscanf(fp, "%d%d%d", &x, &y, &z);

如果返回值是 3，表示 3 个数据正确输入；如果返回值小于 3，表示其中有数据未正确输入；如果返回值是 EOF(-1)，表示读操作出错或遇到文件尾。

fprintf 的函数原型为

      int fprintf(FILE *stream, const char *format [, argument]···);

其中，第一个参数是打开的文件指针；后两个参数的意义和用法与 printf 的一致。函数的返回值表示输出到文件中的字节个数。

由于文本文件的内容可长可短，读多少次到文件末尾并不固定，所以经常使用判断文件是否到文件尾函数 feof，其函数原型为

      int feof(FILE *stream);

该函数的实参是打开的文件指针。在读文件操作之后，如果遇到文件尾则返回非 0 值，如果未遇到文件尾则返回 0(假)值。

例 11-2 读文本文件中的整数成绩，计算总分和平均分。文本文件内容如图 11-5 所示。

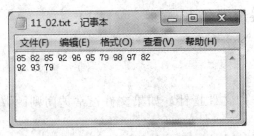

图 11-5　例 11-2 使用的文本文件

程序代码如下：

```c
#include <stdio.h>

int main(void)
{
    int cnt = 0, score, total = 0;
    FILE *fpin, *fpout;

    fpin = fopen("11_02.txt", "r");
    if (fpin == NULL)
    {
        printf("文件打开失败!\n");
        return 0;
    }

    while (!feof(fpin))          //判断文件是否遇到文件尾
    {
        if (fscanf(fpin, "%d", &score) != 1)
        {
            break;
        }
        cnt++;
        total += score;
    }
    fclose(fpin);
    fpout = fopen("11_02result.txt", "w");
    if (fpout == NULL)
    {
        printf("打开文件 11_02result.txt 失败!\n");
        return 0;
    }
```

```
        fprintf(fpout, "总分：%d\n", total);
        fprintf(fpout, "%d 个成绩的平均分：%.2f\n", cnt, 1.0 * total / cnt);
        fclose(fpout);
        return 0;
    }
```
程序运行结果如图 11-6 所示。

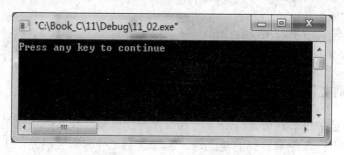

图 11-6   例 11-2 程序运行结果

该程序运行后并没有将数据输出在屏幕上，而是将数据输出到文件中。该程序会在 C 源程序同文件夹中生成一个 11_02result.txt 的文本文件，生成的文件如图 11-7 所示。

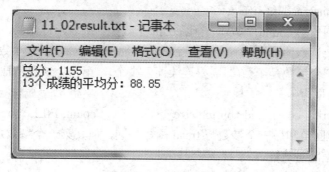

图 11-7   例 11-2 运行后生成的文件

在读写文件时，有一读写文件的位置指针(也称文件位置标记)，该位置指针在打开文件时默认为 0 值(使用 a 方式打开默认为文件尾)。该位置指针类似屏幕读写光标(默认在屏幕左上角)，随着不断地输入或输出，光标会自动向后移动，直到屏幕显示完光标停留在屏幕最后(相当于文件尾)。读文件时，随着不断使用读函数，位置指针不断向后自动移动，去读后面的数据，直到位置指针指向文件尾。读文件时并不会修改或清除已经读过的数据(原始数据不会修改)。写文件时，随着不断地输出，文件位置指针会向后自动移动，直到关闭文件时，文件位置指针指向文件尾。

(2) 文本文件字符读写函数 fgetc 和 fputc。fgetc 函数原型为

    int fgetc(FILE *stream);

函数 fgetc 返回值即是从文本文件中读到的字符；若返回值是 EOF，则表示读文件出错或遇到文件尾。其用法与函数 getchar 相似。

fputc 函数原型为

    int fputc(int c, FILE *stream);

函数 fputc 返回值即是写入文本文件的字符；若返回值是 EOF，则表示写文件出错。其用法与函数 putchar 相似。

（3）文本文件字符串读写函数 fgets 和 fputs。fgets 的函数原型为

```
char *fgets( char *string, int n, FILE *stream );
```

函数 fgets 的返回值是 string 值(即字符串存放的首地址)；若返回值是 NULL，则表示出错或遇到文件尾。该函数在第 9 章介绍过。

fputs 的函数原型为

```
int fputs( const char *string, FILE *stream );
```

函数 fputs 的返回值是非负值；若返回 EOF，则表示出错。其用法与函数 puts 相似。

11.4.2 二进制文件读写函数

二进制文件是按字节存放数据的，而且内存是什么数据在文件中也是什么数据。二进制文件使用记事本打开经常看到的是乱码。读二进制文件时需要清楚二进制文件的格式。读写二进制文件使用数据块读写函数 fread 和 fwrite。fread 的函数原型为

```
size_t fread( void *buffer, size_t size, size_t count, FILE *stream );
```

其中，size_t 是由 typdef 定义的，可以在 stdio.h 中查询得到：

```
typedef unsigned int size_t;
```

该函数的返回值是 count(个数)，若比 count 个数少，则表示读出错。函数 fread 中，第一个参数是将需要读入的数据放置在内存空间的首地址，第二个参数是数据宽度(通常使用 sizeof 计算)，第三个参数是个数(即需要连续读多少个)，第四个参数是打开的文件指针。

fwrite 函数原型为

```
size_t fwrite( const void *buffer, size_t size, size_t count, FILE *stream );
```

fwrite 函数返回值和后三个参数与 fread 函数相同，但其第一个参数是需要写入文件的数据所在的内存空间首地址。

例 11-3 从键盘输入 10 个整数写到二进制文件中。

程序代码如下：

```
#include <stdio.h>

int main(void)
{
        int i;
        int arr[10];
        FILE *fp;

        for (i = 0; i < 10; i++)
        {
                scanf("%d", &arr[i]);
        }
```

```
        fp = fopen("integer.bin", "wb");
        if (fp == NULL)
        {
            return 0;
        }
        fwrite(arr, sizeof(int), 10, fp);
        fclose(fp);
        return 0;
    }
```

程序运行结果如图 11-8 所示。

图 11-8　例 11-3 程序运行界面

该程序执行需要从键盘输入 10 个数，屏幕没有输出。在程序的相同文件夹下，可以找到 integer.bin 二进制文件。使用记事本打开，看到的主要是乱码，如图 11-9 所示。

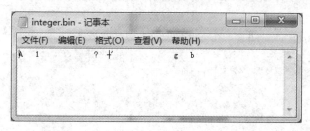

图 11-9　用记事本打开例 11-3 运行后生成的文件

使用 WinHex 软件查看(也可以使用 VC 打开)该文件，内容如图 11-10 所示。

integer.bin																
Offset	0	1	2	3	4	5	6	7	8	9	A	B	C	D	E	F
00000000	41	00	00	00	31	00	00	00	FF	FF	00	00	20	00	00	00
00000010	E8	03	00	00	10	27	00	00	00	00	00	00	FF	FF	FF	FF
00000020	67	00	00	00	62	00	00	00								

图 11-10　用 WinHex 打开例 11-3 运行后生成的文件

整型数据每个数据占 4 个字节，第 1 个数是 65，转换成十六进制是 41，4 个字节是 00000041。但是在文件里是低位存放在前面，高位存放在后面。第 6 个数是 10000，转换成十六进制是 2710，占 4 个字节是 00002710，文件存放是低字节在前，高字节在后，为 10270000。

11.5　文件随机读写

文件是顺序方式存放的，那么在读写文件的任意位置时，就需要调整文件的位置指针。rewind 函数原型为

    void rewind(FILE *stream);

该函数的功能是将文件位置指针移动到文件头。

ftell 函数原型为

    long ftell(FILE *stream);

该函数返回当前位置指针距离文件头的字节数。

fseek 函数原型为

    int fseek(FILE *stream, long offset, int origin);

该函数的功能是移动文件位置指针。其返回值为 0 表示操作成功。如：

    fseek(fp, 18L, SEEK_SET);

    fseek(fp, -23L, SEEK_END);

    fseek(fp, 5L, SEEK_CUR);

其中，第一条语句表示将文件位置指针移动到距离文件头后面 18 字节处；第二条语句表示将文件位置指针移动到文件尾前面 23 字节处；第三条语句表示将文件位置指针从当前位置向后移动 5 字节。

例 11-4　从点阵字库读 ASCII 字符并显示。

程序代码如下：

```
#include <stdio.h>

int main()
{
        int i, j, asc;
        unsigned char ch;
        FILE *fp;

        printf("请输入想查看字符的 ASCII 值(1-127):");
        scanf("%d", &asc);

        if (asc < 1 || asc > 127)
        {
                return 0;
        }
        fp = fopen("ASC12.FON", "rb");
        if (fp == NULL)
        {
```

```
            return 0;
        }
        fseek(fp, 12*asc, SEEK_SET);
        for (i = 0; i < 12; i++)
        {
            fread(&ch, 1, 1, fp);
            for (j = 7; j >= 0; j--)
            {
                if (((ch >> j) & 0x01) != 0) // >>是位运算，见 13.1
                {
                    printf("*");
                }
                else
                {
                    printf(" ");
                }
            }
            printf("\n");
        }
        fclose(fp);
        return 0;
    }
```

点阵列字库文件 ASC12.FON 可登录出版社网站下载。

程序运行结果如图 11-11 所示。

图 11-11　例 11-4 程序运行结果

ASC12.FON 文件是 12 × 8 的点阵字库。每个字符占 96 bit(12 Byte)。

点阵字库就是由多个点组成的图形，如图 11-12 所示，就是由 16 × 16(256 个点)个点组成的“大”字。每个点用“0”表示暗，用“1”表示亮，即每个点只需要一个二进制位(bit)描述，256 个点需要用 256(bit)/8=32 字节(Byte)描述。只需要将这些字节存储在文件中，就可以通过读文件方式把该字还原。

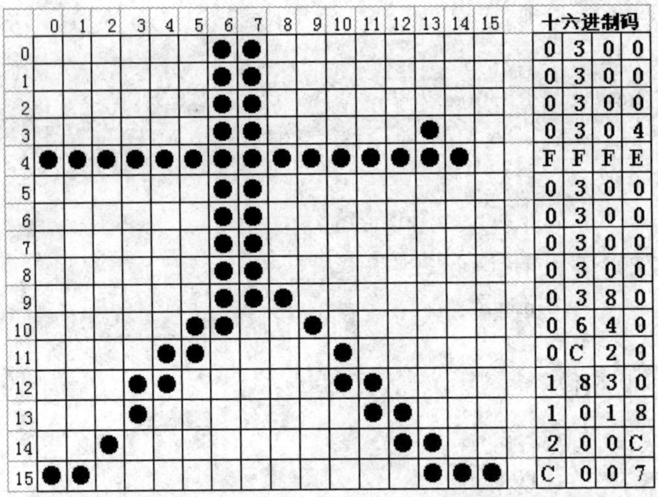

图 11-12　16×16 的点阵字汉字

笔者获得的 ASC12.FON 点阵字库信息如图 11-13 所示。

ASC12.FON

Offset	0	1	2	3	4	5	6	7	8	9	A	B	C	D	E	F
00000000	00	00	00	00	00	00	00	00	00	00	00	00	7E	81	A5	81
00000010	81	BD	99	81	81	7E	00	00	7E	FF	DB	FF	FF	C3	E7	FF
00000020	FF	7E	00	00	00	00	6C	FE	FE	FE	FE	7C	38	10	00	00
00000030	00	00	10	38	7C	FE	7C	38	10	00	00	00	00	18	3C	3C
00000040	E7	E7	E7	18	18	3C	00	00	00	18	3C	7E	FF	FF	7E	18

图 11-13　ASC12.FON 文件信息

其中，第一个字符为空(12 字节为 0)；第二个字符是人脸。第二个字符按 12 行 8 列计算，每行一个字节转换为二进制，再将 0 值用空格，1 值用“*”符号表示，得到如图 11-14 所示结果。

```
01111110     ******
10000001    *      *
10100101    * *  * *
10000001    *      *
10000001    *      *
10111101    * **** *
10011001    *  **  *
10000001    *      *
10000001    *      *
01111110     ******
00000000
00000000
```

图 11-14　文件 ASC12.FON 第二个字符信息

24×24 点阵字库，可登录出版社网站下载。

习　题

11.1　使用带参数的 main 函数和文件操作函数模拟命令 type，在命令提示符下通过键入命令"type　文件名"，把文件内容以 ASCII 码字符方式显示到屏幕上。

　　mytype　文件名✓

11.2　建立两个文本文件"A"和"B"，各存放一行字母，要求把这两个文件中的信息合并(按字母顺序排列)，输出到一个新文本文件"C"中去。

11.3　随机生成 500 个 4 位整数(千位不是 0)，存放到新建二进制文件中。

11.4　从习题 11.3 建立的文件中读取该 500 个整数，将其中符合条件 a+b==c+d(设 a、b、c、d 分别表示千、百、十、个位的数)的数排序存放到新建的文本文件中。

第 11 章习题参考答案

第 12 章 链 表

12.1 链 表 概 述

链表是一种常见的重要数据结构。

在处理数据时，将数据转化成线性表(多个数据的有限序列)处理，可以将复杂的算法转变为较简单的算法。第 8 章介绍的一维数组就是线性表的一种(二维或多维数组都是线性存放，大多时候也按线性处理)。数组也叫顺序线性表(顺序是指两个元素在内存中连续存放，并且存放的前后关系表示两个元素的前后关系)。顺序线性表要求多个元素连续存放。链式线性表(简称链表)的两个元素之间的前后关系由元素中的一个指针表示(一般前面的元素存放着后面元素的地址)。链表中元素存储的物理位置与元素的序列无关。

使用数组类型处理数据时，需要事先知道元素个数的上限(或者假定数据总数不超过某个值)，而且程序一旦运行就不能再修改数组元素的个数。另外，如果采用动态分配连续内存空间来处理多个可变数据，则当数据量达到一定程度后，内存空间可能没有足够大的连续空间，只有不连续的空间可以使用。此时，采用链表来处理数据最合适。在链表处理的基础上，可以建立各种类型的链式结构，如多重链表、二叉链表、三叉链表和邻接表等。这些链式结构可以处理一些复杂的数据结构，如树、图等。

12.2 简 单 链 表

链表又包括单向链表、双向链表、循环链表等。在使用其他链表之前，首先需要掌握单向链表。链表中最基本的结构是结点，是由数据域和指针域组成的。其中，数据域可以是很复杂的成员或结构体；指针域是指向结点数据类型的指针。单向链表有一个头指针指向第一个结点，每个结点的指针指向其后继结点，最后一个结点指针存 0 值，表示无后继。单链表结构如图 12-1 所示。

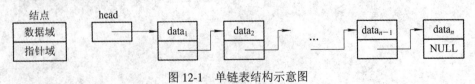

图 12-1 单链表结构示意图

例 12-1 简单单链表示例。

程序代码如下：

```
#include <stdio.h>
```

```
typedef struct _node
{
    int data;                //数据
    struct _node *next;      //指针
} Node, *pNode;

int main(void)
{
    Node a, b, c, d;
    pNode head, p;           //head 指向第一个结点

    a.data = 1; b.data = 3;  //数据处理
    c.data = 5, d.data = 7;

    head = &b;               //建立链表，建立元素前后关系
    b.next = &d;
    d.next = &a;
    a.next = &c;
    c.next = NULL;           //链表表尾置 0，表示是最后一个结点，后面没有元素

    //链表处理
    p = head;
    while (p != NULL)
    {
        printf("%d ", p->data);
        p = p->next;
    }
    printf("\n");
    return 0;
}
```

程序运行结果如图 12-2 所示。

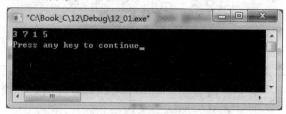

图 12-2　例 12-1 程序运行结果

上述程序中：

```
typedef struct _node
{
    int data;                //数据
    struct _node *next;      //指针
} Node, *pNode;
```

不仅为 struct _node 数据类型声明了一个别名 Node，还为 struct _node *指向结构体的指针声明了一个别名 pNode。因此，既可以在代码中用 Node 定义该结构体数据类型，还可以使用 pNode 定义指向该结构体的指针变量。

程序调试到链表建立之后，其内存使用情况如图 12-3 所示。

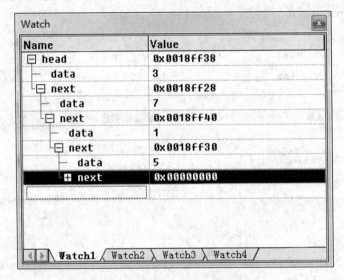

图 12-3　简单链表的内存使用情况

该算法中链表的示意如图 12-4 所示。

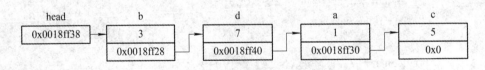

图 12-4　例 12-1 简单链表示意图

12.3　动 态 链 表

简单链表并不能根据用户的数据量变化而增加或减少。动态链表可以根据用户的要求来增加、删除结点等。为了便于链表的处理，经常使用带头结点的链表结构。头结点是链表真实的第一个结点，但并不存放数据，第一个数据存放在链表的第二个结点中，此时该链表有无数据都有链存在。无头结点的链表需要用判断头指针的方法来处理。不带头结点的非空链表和空链表如图 12-5 所示。带头结点的非空链表和空链表如图 12-6 所示。

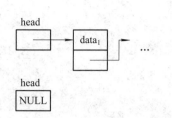

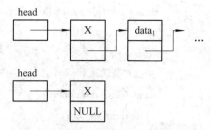

图 12-5 不带头结点的非空链表和空链表示意图　　图 12-6 带头结点的非空链表和空链表示意图

12.3.1 创建动态链表

例 12-2 创建动态链表。

程序代码如下：

```c
#include <stdio.h>
#include <stdlib.h>

typedef struct _node
{
    int data;                //数据域
    struct _node *next;      //指针域
} Node, *pNode;

pNode create(void);          //创建动态链表
void output(pNode head);     //输出链表元素
void destroy(pNode head);    //销毁动态链表，释放内存空间

int main(void)
{
    pNode head = NULL;
    head = create();
    output(head);
    destroy(head);
    return 0;
}

pNode create(void)
{
    int number;
    pNode head, p, s;
```

```c
        head = p = (pNode)malloc(sizeof(Node));        //头结点
        head->next = NULL;

        printf("请输入数据(0 表示结束输入):\n");
        scanf("%d", &number);
        while (number != 0)
        {
                s = (pNode)malloc(sizeof(Node));
                s->data = number;
                s->next = p->next;
                p->next = s;
                p = s;
                scanf("%d", &number);
        }
        return head;
}


void output(pNode head)
{
        pNode p = head->next;
        printf("链表元素为:");
        while (p != NULL)
        {
                printf("%d ", p->data);
                p = p->next;
        }
        printf("\n");
}


void destroy(pNode head)
{
        pNode p, q = head;
        while (q != NULL)
        {
                p = q;
                q = q->next;
                free(p);
        }
}
```

程序运行结果如图 12-7 所示。

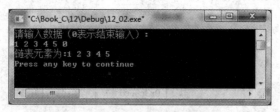

图 12-7　例 12-2 程序运行结果

该程序在执行 create 函数中的 head->next = NULL;语句后，内存空间数据如图 12-8 所示。

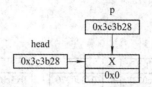

图 12-8　创建链表——初始化

图 12-8 中，X 表示该数据不使用(不用关心是多少)。在输入 1 以后，第一次运行到循环内的 s->data = number;后，内存空间数据如图 12-9 所示。

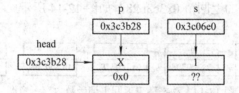

图 12-9　创建链表——动态分配一个新结点

图 12-9 中，s 指针指向的结构体的 next 域还未赋值，里面的地址是未知的(乱地址)。执行 s->next = p->next;后，内存空间数据如图 12-10 所示。该语句将 p->next 域里面的 0x0 值赋给了 s->next 内存。

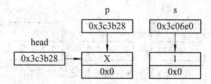

图 12-10　创建链表——修改新结点为尾结点

执行 p->next = s;后，内存空间数据如图 12-11 所示。该语句将 s 变量里面的值赋给了 p->next 内存。

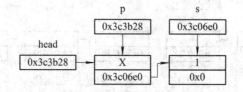

图 12-11　创建链表——将新结点链接在原尾结点之后

执行 p = s;后，内存空间数据如图 12-12 所示。该语句将 s 变量里面的值赋给了 p 变量。

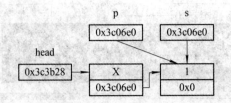

图 12-12　创建链表——修改指向尾结点的指针

随着 while 循环结束，内存空间数据如图 12-13 所示。对于图中各结点之间的链接关系，读者可以自己按语句执行过程画一下。

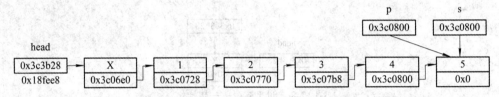

图 12-13　动态生成的链表内存示意图

图 12-13 中，0x18fee8 是 create 函数里面 head 变量的地址值。create 函数调用结束后，会返回 head 值 0x3c3b28，并释放 create 函数中局部变量 number、head、p、s，主函数中的 head 变量获得 create 函数的返回值 0x3c3b28，如图 12-14 所示。

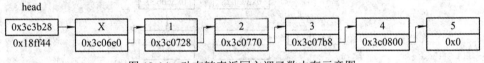

图 12-14　动态链表返回主调函数内存示意图

图 12-14 中，0x18ff44 是主函数里面 head 变量的地址值。被调用的 create 函数执行完成后，局部变量内存空间会释放。

在调用输出函数 output 时，将实参 head 里面的值 0x3c3b28 传递给形参 head(形参 head 是 output 函数的局部变量)，如图 12-15 所示。

图 12-15　动态链表传递地址参数

图 12-15 中，0x18fef4 是 output 函数形参变量 head 的地址。执行 pNode p = head->next;后，内存空间数据如图 12-16 所示。该初始化将 head 指针的 next 域数据赋值给 p。

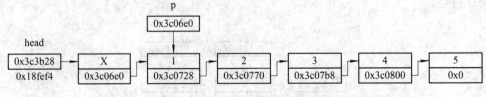

图 12-16　动态链表输出——初始化

循环判断 p 的内容是否为 0x0 值，只要不是 0 值就会执行循环体的内容，先输出 p 指

针指向的结构体的 data 域数据。在执行 p = p->next;后，内存空间数据如图 12-17 所示。该
p = p->next;语句用于将 p 指针指向的结构体的 next 域数据赋值给 p。

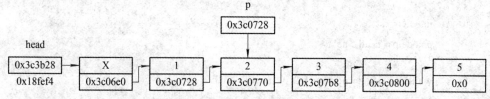

图 12-17　动态链表输出——移动指向结点的指针

随着循环体内不断执行 p = p->next;，指针变量 p 会不断指向后一个结点。当 p 指向最
后一个结点时，内存数据如图 12-18 所示。

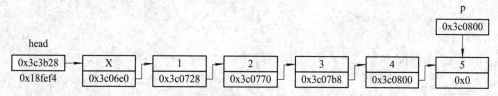

图 12-18　动态链表输出——移动的指针指向尾结点

此时，p 里面的值是 0x3c0800，不是 0 值，故在输出了 p 指针指向的结构体的 data 数
据域数据后，会再执行 p=p->next;。执行后内存数据如图 12-19 所示。

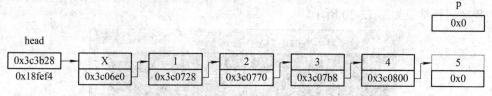

图 12-19　动态链表输出——移动指针获得 NULL 值

此时，判断循环控制表达式 p!=NULL 为假，退出循环。调用 destroy 函数的过程可以
参考 create 和 output 函数。

12.3.2　链表的查找

由于链表是由指针建立的表示数据元素前后关系的数据结构，因此不能采用随机查找
方式。

例 12-3　链表数据查找。由于本例与例 12-2 相关，故以下只列出变化的代码，其余代
码请沿用例 12-2 的代码。

```
int find(pNode head, int number);   //在链表中查找值为 number 的元素是否存在，函数声明

//主函数增加代码段，还需要在前面定义 number 和 position 变量
printf("输入要查找的数:");
scanf("%d", &number);
position = find(head, number);
```

```
//find 函数定义
int find(pNode head, int number)
{
    int cnt = 1;
    pNode p = head->next;

    while (p->data != number && p->next != NULL)
    {
        cnt++;
        p = p->next;
    }
    if (p->data != number)
    {
        printf("查找的元素%d 不在链表中。\n", number);
        return -1;
    }
    printf("查找的元素%d 在链表中第%d 个位置。\n", number, cnt);
    return cnt;
}
```

程序运行结果如图 12-20 所示。

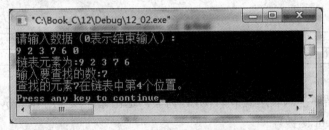

图 12-20 例 12-3 程序运行结果

上述程序中，find 函数返回值是查找到的该数据元素的位置，如果未找到则返回−1 值。

12.3.3 对链表的删除操作

在查找的基础上，可以删除链表中的结点。删除操作可以是删除链表的第 n 个结点，也可是删除链表中数据值为 n 的结点。

例 12-4 删除链表中值为 n 的结点。与查找相类似，该删除操作需要先找到要删除的结点，以及要删除的结点的前驱。以下程序代码也只列出相关修改或增加的代码段，其他代码需要沿用例 12-2 的代码。

```
int delnode(pNode head, int number);      //删除链表中值为 number 的结点，函数声明


    //主函数增加代码段，还需要在前面定义 number 和 flag 变量。
    printf("输入要从链表中删除的数:");
```

```
        scanf("%d", &number);
        flag = delnode(head, number);
        output(head);

//delnode 函数定义
int delnode(pNode head, int number)
{
        pNode q = head, p = head->next;

        while (p->data != number && p->next != NULL)
        {
                q = p;
                p = p->next;
        }
        if (p->data != number)
        {
                printf("删除的元素%d 不在链表中。\n", number);
                return -1;
        }
        else
        {
                q->next = p->next;
                free(p);
                printf("删除元素%d 成功!\n", number);
        }
        return 1;
}
```

程序运行结果如图 12-21 所示。

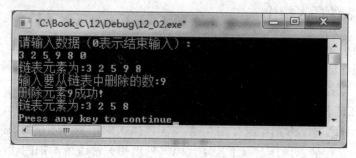

图 12-21 例 12-4 程序运行结果

上述程序中，delnode 函数的返回值如果是-1，则表示删除失败(需要删除的数据元素不存在)；如果返回值为 1，则表示删除成功。

在进入 delnode 函数并初始化指针变量 p 和 q 后，内存空间如图 12-22 所示。该图中各结点地址发生变化是因为源程序代码变化后动态分配内存得到的内存空间地址发生了变化。

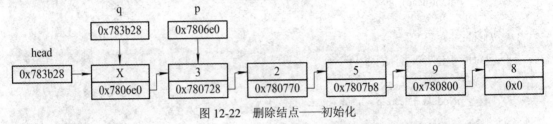

图 12-22　删除结点——初始化

如果删除的元素存在，如图 12-21 所示，则 while 循环结束时，内存空间如图 12-23 所示。

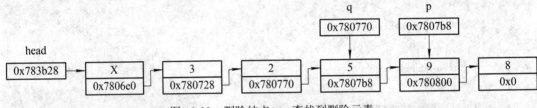

图 12-23　删除结点——查找到删除元素

由于 p->data 是要删除的 9 值，q 指向 p 的前驱结点，所以执行 else 里面的代码段。执行后内存空间数据如图 12-24 所示。语句 q->next = p->next;是将 p 所指结构体的 next 域数据赋值给 q 所指结构体的 next 成员。语句 free(p);释放 p 所指向的结构体内存。

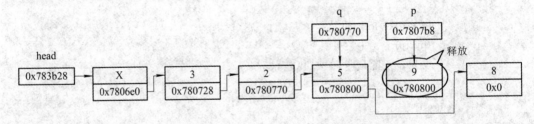

图 12-24　删除结点——修改指针和释放内存

12.3.4　对链表的插入操作

对于已经有的链表，可以在链表中插入新的结点。插入结点可以是在一个有序链表中插入结点，依旧保证链表有序；也可以在链表的第 n 个位置后插入结点(若 n 值小于 0 或大于结点个数 m，则都不进行插入操作)。

例 12-5　在链表第 n 个结点之后插入给定数据值为 x 的结点(对于有 m 个结点的链表，n 值应介于 0~m 之间，否则不进行插入操作)。该插入操作需要先找到要插入的结点，然后在该结点之后进行插入操作。以下程序代码只列出相关修改或增加的代码段，其他代码需要沿用例 12-2 的代码。

```
int insnode(pNode head, int x, int position);    //在指定位置后插入值为 x 的结点，函数声明

//主函数增加代码段，还需要在前面定义 x、position 和 flag 变量。
```

```
        printf("输入要插入的元素值和插入元素的位置:");
        scanf("%d%d", &x, &position);
        flag = insnode(head, x, position);
        output(head);

//insnode 函数定义
int insnode(pNode head, int x, int position)
{
        int i = 0;
        pNode p = head, s;

        while (i < position && p->next != NULL)
        {
            i++;
            p = p->next;
        }

        if (i < position || position < 0)
        {
            printf("插入位置不合法!\n");
            return -1;
        }

        s = (pNode)malloc(sizeof(Node));
        s->data = x;
        s->next = p->next;
        p->next = s;
        printf("插入结点成功!\n");
        return 1;
}
```

程序运行结果如图 12-25 所示。

图 12-25　例 12-5 程序运行结果

上述程序中，insnode 函数如果返回值为–1，则表示插入失败；如果返回值为 1，则表示插入成功。

当插入的位置合法时，内存空间数据如图 12-26 所示。此时，s 指针变量还没有赋可用的地址值，如果没有动态分配内存就执行语句 s->data = x;，可能会将整数值存放到不可读写的内存中，程序就会直接崩溃。

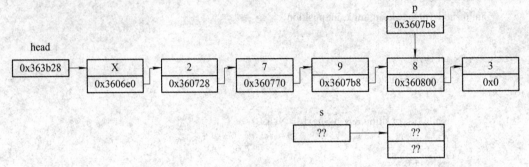

图 12-26　插入结点——查找位置及动态分配内存

使用动态分配内存语句并给 s 指针所指结构体的 data 域赋值后，内存空间数据如图 12-27 所示。

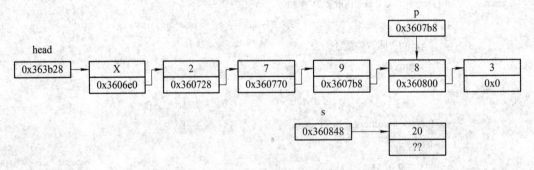

图 12-27　插入结点——新分配结点数据域填充

语句 s->next = p->next;p->next = s;是将 s 所指结点插入到 p 所指结点之后。执行完后内存空间数据如图 12-28 所示。

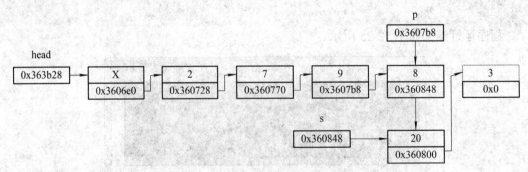

图 12-28　插入结点——修改相关指针

动态链表完整代码可登录出版社网站下载。其中主函数中的代码主要用于测试。

习 题

12.1 n 个人围成一圈，从第 1 个人开始顺序报号，凡报到 m 者退出圈子。按退出顺序输出序号(直到圈子无人)。如有 10 个人围成一圈，报 3 者退出圈子，输出为 3，6，9，2，7，1，8，5，10，4。

12.2 已有 a、b 两个链表，每个链表中的结点包括学号和成绩。要求把两个链表合并，按学号升序排列。

12.3 已有 a、b 两个链表，每个链表中的结点包括学号和姓名。从 a 链表中删去与 b 链表中有相同学号的那些结点。

12.4 已知 head 指向一个带头结点的单向链表,链表中每个结点包含数据域和指针域。编写函数实现链表的逆置。

若原链表为

逆置后链表为

第 12 章习题参考答案

第 13 章　位运算和预处理命令

在底层处理数据时经常使用位运算，如控制机床状态、电路信号等。在很多协议中也经常使用位运算，如将某字段的某些位(bit)设置为需要的状态，就需要进行位运算操作。

13.1　位运算符和位运算

按位与运算符 "&" 和逻辑与近似(真真得真，真假得假，假真得假，假假得假)。但按位与是将数据转化为二进制数据以后按二进制位来进行与运算。例如：

    printf("%x\n", 0x13&0x81);
结果为十六进制的 1。其运算规律：将 0x13 转化为二进制数(一个字节表示)，结果为00010011，将 0x81 转化为二进制数 10000001，然后在对应位上进行与操作(1 为真，0 为假)，如图 13-1 所示。

$$
\begin{array}{r}
00010011 \\
\&\ \ 10000001 \\
\hline
00000001
\end{array}
$$

图 13-1　按位与运算

按位或运算符 "|" 和逻辑或近似(真真得真，真假得真，假真得真，假假得假)，同样是按二进制位进行或运算。例如：

    printf("%x\n", 0x13|0x81);
结果为十六进制的 93。运算如图 13-2 所示。

$$
\begin{array}{r}
00010011 \\
|\ \ 10000001 \\
\hline
10010011
\end{array}
$$

图 13-2　按位或运算

按位异或运算符 "^" 用于按二进制位进行异或(真真得假，真假得真，假真得真，假假得假)。异或运算相当于二元空间的加法运算，$1+1=0$，$0+0=0$，$0+1=1$，$1+0=1$。例如：

    printf("%x\n", 0x13^0x81);
结果为十六进制的 92。运算如图 13-3 所示。

$$
\begin{array}{r}
00010011 \\
^{\wedge}\ \ 10000001 \\
\hline
10010010
\end{array}
$$

图 13-3　按位异或运算

按位取反运算符"～"是单目运算符，用于进行二进制位取反(0 变 1，1 变 0)操作。例如：

```
printf("%x\n", ～0x13);
```

结果为十六进制的 ec。运算如图 13-4 所示。

$$\frac{\sim\ 00010011}{11101100}$$

图 13-4　按位取反运算

上述代码的实际运算结果是 fffffec。由于 VC 默认按照整型处理，整型占 4 个字节，所以高 3 个字节都取反。

左移运算符"<<"用于将数据进行二进制左移，右边补 0 值。例如：

```
printf("%x\n", 0x13<<3);
```

表示将数据 0x13 二进制左移 3 位，结果为十六进制的 98。运算如图 13-5 所示。

$$\frac{\begin{array}{r}00010011\\ <<\qquad\quad 3\end{array}}{10011000}$$

图 13-5　左移运算

左移 1 位相当于乘以 2，左移 2 位乘以 4。由于整型数据宽度是 4 个字节，因此当最高位的 1 移出时，数据会溢出。例如，0x90000000<<1 运算后该值为 0x20000000。

右移运算符">>"用于将数据进行二进制右移，根据数据类型进行补位。例如：

```
printf("%x\n", 0x13>>1);
```

表示将数据 0x13 二进制右移 1 位，结果为十六进制的 9。运算如图 13-6 所示。

$$\frac{\begin{array}{r}00010011\\ >>\qquad\quad 1\end{array}}{00001001}$$

图 13-6　右移运算

在右移运算中，如果是无符号数据(用八进制、十六进制表示的数或使用 unsigned 定义的变量)，则高位补 0；如果是有符号整数，则补原来最高位的值(最高位是 0 则补 0，是 1 则补 1，以保证补码是负数的右移后还是负数)。例如，代码段：

```
int num1= 0xfffffffc; unsigned int num2= 0xfffffffc;
printf("%x,%x\n", num1>>1, num2>>1);
```

输出结果是 0xfffffffe,0x7ffffffe。其右移运算如图 13-7 和图 13-8 所示。

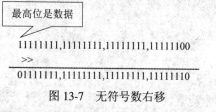

图 13-7　无符号数右移

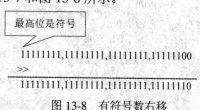

图 13-8　有符号数右移

右移 1 位相当于除以 2，右移 2 位除以 4。

位运算赋值运算符有"&="")"|="""^="""<<="和">>=",位运算赋值运算符与"+="复合赋值运算符的意义相似,如 a &= b;相当于 a = a&b;。

例 13-1 异或运算的加密与解密。

程序代码如下:

```c
#include <stdio.h>
#include <string.h>

int main()
{
    int i, j;
    int keylen;
    char plaintext[80] = "";
    char ciphertext[80] = "";
    char key[80] = "";

    printf("请输入需要加密字符串:\n");
    gets(plaintext);
    printf("请输入密钥:\n");
    gets(key);

    //加密
    keylen = strlen(key);
    for (i = 0; plaintext[i] !='\0'; i += keylen)
    {
        for (j = 0; j < keylen; j++)
        {
            ciphertext[i+j] = plaintext[i+j] ^ key[j];
        }
    }
    printf("加密后密文:%s\n", ciphertext);

    //解密
    printf("请输入密钥:\n");
    gets(key);

    keylen = strlen(key);
    for (i = 0; ciphertext[i] !='\0'; i += keylen)
    {
        for (j = 0; j < keylen; j++)
        {
```

```
                    plaintext[i+j] = ciphertext[i+j] ^ key[j];
             }
      }
      printf("解密后明文:%s\n", plaintext);
      return 0;
}
```

程序运行结果如图 13-9 所示。

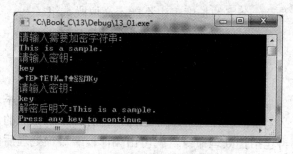

图 13-9　例 13-1 程序运行结果

13.2　位　　段

　　C 语言允许在一个结构体中以位为单位来指定其成员所占内存长度，称为位段或位域 (bit field)。利用位段能够节约存储空间。例如：

```
      struct bit_data
      {
             unsigned a:2;
             signed b:3;
             unsigned c:4;
             unsigned d:7;
      };
      struct bit_data temp;
```

其中，a、b、c、d 分别占 2、3、4、7 位。各个位段也可以不恰好占满一个字节(未占用的位不使用)。

　　对位段中数据的引用方法与结构体相同。例如：

```
      temp.a = 3;
      temp.b = 7;
```

注意位段可使用的最大范围。例如：

```
      temp.c = 18;
```

由于 c 只有 4 位，其值最大为 15，因此会将 18(二进制为 10010)的最低 4 位上的值(0010)赋给 c，相当于 temp.c = 2。

　　位段成员的类型必须是有符号整数或无符号整数类型。若某一位段要从另一个字(VC

一个字是 4 个字节)开始存放，可以用以下形式定义：

  unsigned a:1;

  unsigned b:2;

  unsigned :0;

  unsigned c:3;

  本来 a、b、c 可以连续存储在一个字中，由于声明了长度为 0 的位段，其后面的字段将从下一个字开始存放。

  位段的长度不能大于一个字的长度，也不能定义位段数组。

13.3　预处理命令

  C 源程序中的预处理命令可以改进程序设计环境，提高编程效率。但是不能直接对预处理命令进行编译，必须在对程序进行编译之前，先对程序中特殊的命令进行预处理。经过预处理后的程序不再包括预处理命令，就可由编译程序对预处理后的源程序进行编译处理，得到可执行代码。为了与一般 C 语句进行区别，预处理命令以符号"#"开头。

13.3.1　宏定义

  不带参数的宏定义命令是用一个指定的标识符(名字)来代表一个字符串，例如：

  #define PI 3.1415926

  在编译前的预处理中，会将程序中该命令后面出现的所有 3.1415926 都用 PI 代替(双引号里的不替换)。这种预处理命令可以用一个简单的标识符代替一个长的字符串，因此把这个标识符称为"宏名"，在预处理时将宏名替换成字符串的过程称"宏展开"。

  宏定义是用宏名代替一个字符串，只作简单的替换，不作正确检查。如果在宏定义最后加分号，则该分号也成为替换字符串的一部分。

  #define 的作用范围从该命令开始到本源文件结束，可以使用 #undef 终止宏定义的作用域。例如：

  #undef PI

  另外，在进行宏定义时，可以引用已定义的宏名层层置换。例如：

  #define R 5.0

  #define PI 3.14159

  #define L 2*PI*R

  #define S PI*R*R

  带参数的宏定义命令不是简单的字符串替换，还要进行参数替换。其格式为

  #define　宏名(参数表)　字符串

  例如：

  #define MAX(a, b) a>b?a:b

  在程序中有代码 t = MAX(3, 2);则会将大的值赋给 t。

  由于宏命令是简单置换，若代码是 t=MAX(x&y, a=10);，则置换结果为 t=x&y>a=10?

x&y:a=10;，会报语法错误。为保证宏命令参数完整，不被运算符优先分隔，应写成如下形式：

#define MAX(a,b) ((a)>(b)?(a):(b))

13.3.2 文件包含

文件包含命令是指一个源文件将另外一个源文件的全部内容包含进来。其格式为

#include <文件名>

或者为

#include "文件名"

其中，"<>"符号通常表示该包含的文件是编译器系统提供的，双引号通常表示该文件是自己编写的。由于这些文件可能是编译器系统文件夹提供的，也可能是源程序所在文件夹提供的，所以进行预处理时如果用大于小于号的文件会优先扫描编译器系统配置的路径，使用双引号会优先扫描源程序所在文件夹。

文件包含命令预处理时，会将包含的文件原封不动地替换该命令。如图 13-10 所示，设file1.c 有一句文件包含命令，其他内容用 A1 和 A2 描述。被包含的文件 file2.c 内容用 B 表示。

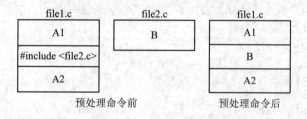

图 13-10   文件包含预处理示意图

文件包含命令可以包含任意扩展名的文本文件。被包含的文件通常是扩展名为.h 的文件，称为头文件。通常将函数声明、结构体声明等放置在头文件中，以方便被其他文件包含。通常将函数定义(代码实现)等存为.c 文件。

13.3.3 条件编译

条件编译命令是指在预处理或编译时对部分代码进行处理或编译，以保证兼容性和节约程序运行空间。其形式为

#ifdef 标识符
    程序段 1
#else
    程序段 2
#endif

条件编译中也可以没有#else 命令，其应用效果和 if-else 相似。当前面有定义标识符时，处理编译程序段 1，否则处理编译程序段 2。

由于文件包含命令可能包含了多个文件，而其中又有多个文件中可能同时定义了相同的宏名。为了保证程序不出现相同宏名，可以使用如下所示的条件编译命令。

```
#ifnef PI
    #define PI 3.14159
#endif
```

习　题

13.1　写出下面程序的运行结果：

(1) 程序代码如下：

```
#include <stdio.h>
int main(void)
{
        char x = 56;
        x = x & 0x56;
        printf("%d,%x\n", x, x);
        return 0;
}
```

(2) 程序代码如下：

```
#include <stdio.h>
int main(void)
{
        unsigned t = 129;
        t = t ^ 0x0;
        printf("%d,%o\n", t, t);
        return 0;
}
```

(3) 程序代码如下：

```
#include <stdio.h>
#define FUDGE(y) 2.84+y
#define PR(a) printf("%d", (int)(a))
#define PRINT1(a) PR(a);putchar('\n')
int main(void)
{       int x = 2;
        PRINT1(FUDGE(5)*x);
}
```

13.2　填空题。

(1) 对于单字节变量 x，通过_____运算可使 x 中的低 4 位不变，高 4 位清零。

(2) 对于双字节变量 x，通过_____运算可使 x 中的高 8 位不变，低 8 位置 1。

(3) 对于单字节变量 x，通过_____运算可使 x 的高 4 位取反，低 4 位不变。

(4) 有宏定义 #define DOUBLE(r) r*r，有代码 t=DOUBLE(1+2);，则 t 值为_____。

13.3 编写函数，显示出从一个 4 字节单元取出以 m 开始至 n 结束的某几位数(起始位和结束位都从左向右计算)。

第 13 章习题参考答案

附　录

附录 A　ASCII 码表

ASCII 非打印字符

ASCII 十进制	ASCII 十六进制	字符	ctrl	代码	字 符 解 释
0	0		^@	NUL	空(null)
1	1	☺	^A	SOH	头标开始(start of heading)
2	2	☻	^B	STX	正文开始(start of text)
3	3	♥	^C	ETX	正文结束(end of text)
4	4	♦	^D	EOT	传输结束(end of transmission)
5	5	♣	^E	ENQ	查询(enquiry)
6	6	♠	^F	ACK	确认(acknowledge)
7	7	●	^G	BEL	振铃(bell)
8	8	◘	^H	BS	退格(backspace)
9	9	○	^I	TAB	水平制表符(horizontal tab)
10	A	◙	^J	LF	换行/新行(NL line feed. new line)
11	B	♂	^K	VT	垂直制表符(vertical tab)
12	C	♀	^L	FF	换页/新页(NP form feed. new page)
13	D	♪	^M	CR	回车(carriage return)
14	E	♫	^N	SO	移出(shift out)
15	F	☼	^O	SI	移入(shift in)
16	10	►	^P	DLE	数据链路转义(data link escape)
17	11	◄	^Q	DC1	设备控制 1(device control 1)
18	12	↕	^R	DC2	设备控制 2(device control 2)
19	13	‼	^S	DC3	设备控制 3(device control 3)
20	14	¶	^T	DC4	设备控制 4(device control 4)
21	15	§	^U	NAK	反确认(negative acknowledge)
22	16	▬	^V	SYN	同步空闲(synchronous idle)
23	17	↨	^W	ETB	传输块结束(end of trans. block)
24	18	↑	^X	CAN	取消(cancel)
25	19	↓	^Y	EM	媒体结束(end of medium)
26	1A	→	^Z	SUB	替换(substitute)
27	1B	←	^[	ESC	转意(escape)
28	1C	∟	^\	FS	文件分隔符(file separator)
29	1D	↔	^]	GS	组分隔符(group separator)
30	1E	▲	^6	RS	记录分隔符(record separator)
31	1F	▼	^-	US	单元分隔符(unit separator)

ASCII 打印字符

ASCII 十进制	ASCII 十六进制	字符	ASCII 十进制	ASCII 十六进制	字符	ASCII 十进制	ASCII 十六进制	字符
32	20	(space)	64	40	@	96	60	`
33	21	!	65	41	A	97	61	a
34	22	"	66	42	B	98	62	b
35	23	#	67	43	C	99	63	c
36	24	$	68	44	D	100	64	d
37	25	%	69	45	E	101	65	e
38	26	&	70	46	F	102	66	f
39	27	'	71	47	G	103	67	g
40	28	(	72	48	H	104	68	h
41	29	)	73	49	I	105	69	i
42	2A	*	74	4A	J	106	6A	j
43	2B	+	75	4B	K	107	6B	k
44	2C	,	76	4C	L	108	6C	l
45	2D	-	77	4D	M	109	6D	m
46	2E	.	78	4E	N	110	6E	n
47	2F	/	79	4F	O	111	6F	o
48	30	0	80	50	P	112	70	p
49	31	1	81	51	Q	113	71	q
50	32	2	82	52	R	114	72	r
51	33	3	83	53	S	115	73	s
52	34	4	84	54	T	116	74	t
53	35	5	85	55	U	117	75	u
54	36	6	86	56	V	118	76	v
55	37	7	87	57	W	119	77	w
56	38	8	88	58	X	120	78	x
57	39	9	89	59	Y	121	79	y
58	3A	:	90	5A	Z	122	7A	z
59	3B	;	91	5B	[	123	7B	{
60	3C	<	92	5C	\	124	7C		
61	3D	=	93	5D	]	125	7D	}
62	3E	>	94	5E	^	126	7E	~
63	3F	?	95	5F	_	127	7F	⌂

附录 B C 语言关键字

auto break   case char const
continue default   do   double   else
enum   extern   float for goto
if   int   long register   return
short   signed   sizeof   static   struct
switch   typedef union   unsigned void
volatile   while

附录C 运算符及结合性

优先级	运算符	含义	运算类型	结合方向
1	()	圆括号、函数参数表		自左至右
	[]	下标运算		
	->	指向结构体成员		
	.	引用结构体成员		
2	!	逻辑非	单目运算	自右至左
	~	按位取反		
	++ --	自增1、自减1		
	-	负号运算		
	*	指针运算		
	&	取地址运算		
	(类型)	强制类型转换运算		
	sizeof	计算字节运算		
3	* / %	乘、除、整数求余	双目算术运算	自左至右
4	+ -	加、减	双目算术运算	自左至右
5	<< >>	左移、右移	双目位运算	自左至右
6	< <=	小于、小于等于	双目关系运算	自左至右
	> >=	大于、大于等于		
7	== !=	等于、不等于	双目关系运算	自左至右
8	&	按位与	双目位运算	自左至右
9	^	按位异或	双目位运算	自左至右
10	|	按位或	双目位运算	自左至右
11	&&	逻辑与	双目逻辑运算	自左至右
12	||	逻辑或	双目逻辑运算	自左至右
13	?:	条件运算	三目运算	自右至左
14	=	赋值运算	双目赋值运算	自右至左
	+= -= *= /= %=	复合赋值运算		
	&= ^= |= <<= >>=	复合位赋值运算		
15	,	逗号运算	顺序求值运算	自左至右

附录 D 常用 C 语言库函数

库函数并不是 C 语言的一部分，它是人们根据需要所编制并提供给用户使用的。每种 C 语言编译系统都提供了一批库函数，不同的编译系统所提供的库函数的数目和函数名，以及函数功能是不完全相同的。本附录不全部介绍，只列出较常用和基本的。

1. 数学函数

使用数学函数(见附表 1)，需要在源文件中增加头文件 math.h，使用的命令格式如下：

#include <math.h>

附表 1 数 学 函 数

函数名	函数原型	功　能	返回值	附加说明
abs	int abs(int n);	计算整型|n|	返回 n 的绝对值	
acos	double acos(double x);	计算 arccos(x)	返回 x 的 arccos 值	$-1{\leqslant}x{\leqslant}1$
asin	double asin(double x);	计算 arcsin(x)	返回 x 的 arcsin 值	$-1{\leqslant}x{\leqslant}1$
atan	double atan(double x);	计算 arctan(x)	返回 x 的 arctan 值，介于 $-\pi/2$ 到 $\pi/2$	
atan2	double atan2(double y, double x);	计算 arctan(y/x)	返回 y/x 的 arctan 值，介于 $-\pi$ 到 π	
cos	double cos(double x);	计算 cos(x)	返回 x 的 cos 值	
cosh	double cosh(double x);	计算双曲余弦	返回 x 的双曲余弦值	
exp	double exp(double x);	计算 e^x	返回 e^x	
fabs	double fabs(double x);	计算实型|x|	返回 x 的绝对值	
fmod	double fmod(double x, double y);	计算整除 x/y 的余数	返回 x 除以 y 整数倍的余数	返回值与 x 同号
labs	long labs(long n);	计算长整型|n|	返回 n 的绝对值	
log	double log(double x);	计算 lnx，即 lnx	返回 x 的以 e 为底对数值	x>0
log10	double log10(double x);	计算 lgx	返回 x 的以 10 为底对数值	x>0
pow	double pow(double x, double y);	计算 x^y	返回 x 的 y 次方值	
sin	double sin(double x);	计算 sin(x)	返回 x 的 sin 值	
sinh	double sinh(double x);	计算双曲正弦	返回 x 的双曲正弦值	
tan	double tan(double x);	计算 tan(x)	返回 x 的 tan 值	
tanh	doube tanh(double x);	计算双曲正切	返回 x 的双曲正切值	
sqrt	double sqrt(double x);	计算 x 的平方根	返回 x 的平方根	$x{\geqslant}0$
ceil	double ceil(double x);	向上取整	返回取整后的值${\geqslant}x$	
floor	double floor(double x);	向下取整	返回取整后的值${\leqslant}x$	
frexp	double frexp(double x, int *expptr);	把浮点数 x 分解为尾数和以 2 为底的指数 n，$x=m*2^n$	返回小数尾数 指数 n 存放在 expptr 指向的内存	$0.5{\leqslant}$返回值<1
ldexp	double ldexp(double x, int exp);	计算 $x*2^{exp}$	返回尾数乘以 2 的次幂	
modf	double modf(double x, double *intptr);	计算浮点数的整数部分和小数部分	返回小数部分值 整数部分存放在 intptr 指向的内存	

2. 字符函数

使用字符函数(见附表2)，需要在源文件中增加头文件 ctype.h。

附表 2　字 符 函 数

函数名	函数原型	功　能	返回值	附加说明
isalpha	int isalpha(int c);	检查 c 是否大小写字母	是字母返回非 0 值，否则返回 0 值	65～90，97～122 整数返回非 0 值
isupper	int isupper(int c);	检查 c 是否大写字母	是返回非 0 值，否则返回 0 值	65～90 整数返回非 0 值
islower	int islower(int c);	检查 c 是否小写字母	是返回非 0 值，否则返回 0 值	97～122 整数返回非 0 值
isdigit	int isdigit(int c);	检查 c 是否数字字符 '0'～'9'	是返回非 0 值，否则返回 0 值	48～57 整数返回非 0 值
isxdigit	int isxdigit(int c);	检查 c 是否十六进制数字字符 '0'～'9'，'A'～'F'，'a'～'f'	是返回非 0 值，否则返回 0 值	字符对应整数也返回非 0 值
issapce	int isspace(int c);	检查 c 是否空格、制表符、换行符	是返回非 0 值，否则返回 0 值	0x09, 0x0D, 0x20 整数返回非 0 值
ispunct	int ispunct(int c);	检查 c 是否标点字符，即除空格、数字、大小写字母外的可打印字符	是返回非 0 值，否则返回 0 值	非空格、数字、大小写字母的 33～126 整数返回非 0 值
isalnum	int isalnum(int c);	检查 c 是否数字、大小写字母	是返回非 0 值，否则返回 0 值	48～57, 65～90, 97～122 整数返回非 0 值
isprint	int isprint(int c);	检查 c 是否可打印字符	是返回非 0 值，否则返回 0 值	0x20～0x7E 整数返回非 0 值
iscntrl	int iscntrl(int c);	检查 c 是否控制字符	是返回非 0 值，否则返回 0 值	0x0～0x1F,0x7F 整数返回非 0 值
toupper	int toupper(int c);	将 c 转换为大写字母	返回 c 表示的字符的大写字符	其他字符不转换
tolower	int tolower(int c);	将 c 转换为小写字母	返回 c 表示的字符的小写字符	其他字符不转换

3. 字符串函数

使用字符串函数(见附表3)，需要在源文件中增加头文件 string.h。

附表 3　字 符 串 函 数

函数名	函数原型	功能	返回值	附加说明
strcpy	char *strcpy(char *strDestination, const char *strSource);	从 strSource 拷贝字符串到 strDestination	返回 strDestination 字符串	strDestination 内存空间够大，否则越界
strcat	char *strcat(char *strDestination, const char *strSource);	将字符串 strSource 连接到 strDestination 后面	返回 strDestination 字符串	strDestination 内存空间够大，否则越界

函数名	函数原型	功能	返回值	附加说明
strcmp	int strcmp(const char *string1, const char *string2);	比较 string1 和 string2 字符串	当 string1 小于 string2 返回值小于 0，相等返回 0 值，大于返回值大于 0	按 ASCII 码比较
strlen	size_t strlen(const char *stirng);	获取 string 字符串长度	返回 string 字符串长度	返回值≥0
strchr	char *strchr(const char *string, int c);	在 string 字符串中查找 c 字符	返回第 1 个 c 字符出现在 string 字符串位置的指针	没找到返回 NULL
strcspn	size_t strcspn(const char *string, const char *strCharSet);	在 string 字符串中查找 strCharSet 中任意字符出现的位置	返回第 1 个在 strCharSet 中存在的 string 字符下标	
strerror	char *strerror(int errnum);	获得系统错误信息	返回 errnum 编号的错误信息字符串	形参是全局变量 errno
strncat	char *strncat(char *strDest, const char *strSource, size_t count);	连接 strSource 字符串不超过 count 个字符到 strDest 后面	返回 strDest 字符串	
strncmp	int strncmp(const char *string1, const char *string2, size_t count);	比较 string1 和 string2 前面 count 个字符串的大小	当 string1 小于 string2 时返回值小于 0，相等返回 0 值，大于返回值大于 0	
strncpy	char *strncpy(char *strDest, const char *strSource, size_t count);	复制 strSource 字符串前面 count 个字符到 strDest	返回 strDest 字符串	
strpbrk	char *strpbrk(const char *string, const char *strCharSet);	获得 strCharSet 字符串中任意字符在 string 字符串中第 1 次出现位置	返回出现的位置指针	若两个字符串没有相同的字符，返回 NULL
strrchr	char *strrchr(const char *string, int c);	查找 c 字符在 string 最后出现的位置	返回出现的位置指针	未找到返回 NULL
strspn	size_t strspn(const char *string, const char *strCharSet);	查找 string 中第 1 个非 strCharSet 字符串中字符的位置	返回 string 中非 strCharSet 字符的位置下标	
strstr	char *strstr(const char *string, const char *strCharSet);	在 string 中查找子串 strCharSet	返回 strCharSet 子串在 string 中的位置指针	未找到返回 NULL
strtok	char *strtok(char *strToken, const char *strDelimit);	在 strToken 中查找 strDelimit 包含的定界符	返回 strToken	将 strToken 中找到的定界符替换成'\0'

4. 输入输出函数

使用标准输入/输出函数(见附表4)，需要在源文件中增加头文件 stdio.h。

附表4　输入/输出函数

函数名	函数原型	功　　能	返回值	附加说明
clearerr	void clearerr(FILE *stream);	重置 stream 文件错误		将错误标志和文件结束标志置 0
fclose	int fclose(FILE *stream);	关闭 stream 文件	关闭成功返回 0 值，出错返回 EOF	
feof	int feof(FILE *stream);	检查 stream 文件是否结束	在读操作遇到文件结束后该函数返回非 0 值，非文件结束返回 0 值	
ferror	int ferror(FILE *stream);	检测 stream 文件是否有错	没有错误返回 0 值，否则返回非 0 值	
fflush	int fflush(FILE *stream);	清除 stream 文件的缓冲区	成功返回 0 值	出错返回 EOF
fgetc	int fgetc(FILE *stream);	从 stream 文件取得一个字符	返回读到的字符	出错或遇文件结束返回 EOF
fgets	char *fgets(char *string, int n, FILE *stream);	从 stream 文件读取最多 n-1 个字符串存放到 string 所指内存	返回 string 指针，出错或遇文件尾返回 NULL	
fopen	FILE *fopen(const char *filename, const char *mode);	以 mode 方式打开 filename 文件	返回打开的文件指针，出错返回 NULL	
fprintf	int fprintf(FILE *stream, const char *format [,argument]…);	格式输出数据到 stream 文件	返回写到文件里的字节数，出错返回负值	
fputc	int fputc(int c, FILE *stream);	写一个字符 c 到 stream 文件	返回写的字符，出错返回 EOF	
fputs	int fputs(const char *string, FILE *stream);	写一个字符串 string 到 stream 文件	成功操作返回非负值，出错返回 EOF	
fread	size_t fread(void *buffer, size_t size, size_t count, FILE *stream);	从 stream 文件读长度 size 的 count 个数据项到 buffer 指向的内存	返回读到的数据项个数	遇文件尾或出错，返回值小于 count
fscanf	int fscanf(FILE *stream, const char *format [,argument]…);	从 stream 文件格式读入数据	返回成功读取并分配数据域的个数，返回 0 表示没有分配数据域	出错或遇文件尾返回 EOF
fseek	int fseek(FILE *stream, long offset, int origin);	移动 stream 文件的位置指针到以 origin 为基准 offset 为偏移量的指定位置	成功返回 0 值，否则返回非 0 值	
ftell	long ftell(FILE *stream);	获取 stream 文件当前的读写位置	返回读写位置值	出错返回-1L

函数名	函数原型	功　　能	返回值	附加说明
fwrite	size_t fwrite(const void *buffer, size_t size, size_t count, FILE *stream);	将 buffer 指向内存的 size 宽度 count 个数字节输出到 stream 文件中	返回成功写到 stream 文件中的数据项个数	遇文件尾或出错，返回值小于 count
getc	int getc(FILE *stream);	从 stream 文件读一个字符	返回所读的字符，出错或遇文件尾返回 EOF	
getchar	int getchar(void);	从标准输入 stdin 读一个字符	返回所读的字符，出错或遇文件尾返回 EOF	
gets	char *gets(char *buffer);	从标准输入 stdin 获得一行字符串放置在 buffer 所指内存	读取成功返回 buffer 指针，出错或遇文件尾返回 NULL	
perror	void perror(const char *string);	打印 string 和错误信息		
printf	int printf("const char *format [,argument]…);	格式输出到标准输出设备 stdout	返回输出字符数，出错返回负值	
putc	int putc(int c, FILE *stream);	将 c 字符输出到 stream 文件中	返回输出的字符，出错或遇文件尾返回 EOF	
putchar	int putchar(int c);	将 c 字符输出到标准输出设备 stdout	返回输出的字符，出错或遇文件尾返回 EOF	
puts	int puts(const char *string);	将字符串 string 输出到标准输出设备 stdout	成功输出返回非负值，失败返回 EOF	
remove	int remove(const char *path);	删除 path 文件	成功删除返回 0 值，失败返回-1	
rename	int rename(const char *oldname, const char *newname);	重命名 oldname 文件或文件夹为 newname	成功返回 0 值，失败返回非 0 值	
rewind	void rewind(FILE *stream);	将 stream 文件的位置指针移到文件头，并清除文件结束标志和错误标志		
scanf	int scanf(const char *format [,argument]…);	从标准输入 stdin 格式输入数据	返回成功分配的数据域，错误或遇文件尾返回 EOF	
spintf	int sprintf(char *buffer, const char *format [,argument]…);	格式输出形成的字符串到 buffer 所指内存	返回存储到 buffer 的字节数	
sscanf	int sscanf("const char *buffer, const char *format [,argument]…);	从 buffer 字符串进行格式输入	返回成功分配的数据项个数，出错或遇字符串尾返回 EOF	

函数名	函数原型	功　能	返回值	附加说明
tmpfile	FILE *tmpfile(void);	创建临时文件	返回创建成功的文件指针，失败返回 NULL	
ungetc	int ungetc(int c, FILE *stream);	将 c 字符压回 stream	成功返回字符 c，不能压回或没有字符读或 stream 未改变返回 EOF	

5. 标准库函数

使用标准库函数(见附表 5)，需要在源文件中增加头文件 stdlib.h。

附表 5　标 准 库 函 数

函数名	函数原型	功　能	返回值	附加说明
abort	void abort(void);	终止当前进程，并产生退出代码 3		
exit	void exit(int status);	清理后终止调用过程		
atof	double atof(const char *string);	将数字字符串转换为浮点类型	返回转换后的浮点值	字符串非法返回 0.0
atoi	int atoi(const char *string);	将数字字符串转换为整型	返回转换后的整数	字符串非法返回 0
atol	long atol(const char *string);	将数字字符串转换为长整型	返回转换后的长整数	字符串非法返回 0L
calloc	void *calloc(size_t num, size_t size);	分配 size 宽度 num 个连续内存，并初始化 0	返回分配内存的指针，失败返回 NULL	
div	div_t div(int numer, int denom);	计算 numer 除以 denom 的商和余数	返回存放商和余数的结构体	
free	void free(void *memblock);	释放 memblock 所指内存		
malloc	void *malloc(size_t size);	分配 size 连续空间	返回分配内存的指针，失败返回 NULL	
qsort	void qsort(void *base, size_t num, size_t width, int (__cdecl *compare)(const void *elem1, const void *elem2));	快速排序		
rand	int rand(void);	生成伪随机数	返回伪随机数	
realloc	void *realloc(void *memblock, size_t size);	将 memblock 已分配内存修改为 size 连续内存	返回新分配内存指针，失败返回 NULL	
srand	void srand(unsigned int seed);	设置随机起始点(设置随机种子)		
system	int system(const char *command);	执行 command 命令	返回执行命令的返回值，出错返回-1，命令不存在返回 0 值	

6. 内存函数

使用内存函数(见附表6)，需要在源文件中增加头文件 memory.h。

附表6 内 存 函 数

函数名	函数原型	功　　能	返回值	附加说明
memchr	void *memchr(const void *buf, int c, size_t count);	在 buffer 长度不超过 count 字符串中查找 c 字符	返回第 1 个找到 c 的指针，未找到返回 NULL	
memcmp	int memcmp(const void *buf1, const void *buf2, size_t count);	比较两个内存 count 宽度的数据	当 buf1 小于 buf2 返回值小于 0，相等返回 0 值，大于返回值大于 0	
memcpy	void *memcpy(void *dest, const void *src, size_t count);	从 src 复制 count 个字节到 dest	返回 dest 指针	
memset	void *memset(void *dest, int c, size_t count);	将 dest 前 count 字节设置为 c 字符(值)	返回 dest 指针	

7. 时间函数

使用时间函数(见附表7)，需要在源文件中增加头文件 time.h。

附表7 时 间 函 数

函数名	函数原型	功能	返回值	附加说明
asctime	char *asctime(const struct tm *timerptr);	将 timeptr 日期时间结构体转换为字符串	返回转换后的字符串指针	
ctime	char *ctime(const time_t *timer);	将 timer 日期时间数值转换为字符串	返回转换后的字符串指针	
clock	clock_t clock(void);	获得调用过程的处理器时间	返回程序运行的时间，失败返回-1	
difftime	double difftime(time_t timer1, time_t timer0)	计算 timer0 到 timer1 的时间	返回消逝的时间	
gmtime	struct tm*gmtime(const time_t *timer);	将 timer 日期时间数值转换为日期时间结构体	返回转换后的结构体指针	
localtime	struct tm*localtime(const time_t *timer);	使用本地修正将 timer 日期时间数值转换为日期时间结构体	返回转换后的结构体指针	
mktime	time_t mktime(struct tm *timeptr);	将 timeptr 日期时间结构体转换为日期时间数值	返回转换后的日期时间数值	
time	time_t time(time_t *timer);	获得系统日期时间存放到timer指向内存	返回消逝的时间	

附录 E 二、八、十、十六进制换算

在计算机中所有数据和程序均是由二进制存放的。在实际生活中，电子的开关状态最容易实现，通常 1 表示开，0 表示关。只有一个开关时表示的数据和信息量都很小，比如 1个开关只需表示两种状态——开或关。如果增加开关的个数就需要表示大量的数据和信息了。例如，8 个开关一共需要表示 256 种状态。

在介绍各进制转换之前，可以用生活中类似的例子进行说明。例如，某项马拉松比赛，某选手花了 3 小时 17 分 26 秒跑完全程，那么该选手花了多少秒？换算方法为 $3 \times 60^2 + 17 \times 60^1 + 26 \times 60^0$ 计算答案即可。那同样，如果一个选手跑完全程花了 9780 秒，那么该选手花了多少小时、多少分钟、多少秒钟？换算方法为 9780/3600 取整为小时，余数/60 取整为分钟，余数为秒。

(1) 将二进制换算为十进制，如将二进制数 10110010 换算为十进制：

$(10110010)_2 = 1 \times 2^7 + 0 \times 2^6 + 1 \times 2^5 + 1 \times 2^4 + 0 \times 2^3 + 0 \times 2^2 + 1 \times 2^1 + 0 \times 2^0 = 178$

十进制数在描述小数时，如 $23.48 = 2 \times 10^1 + 3 \times 10^0 + 4 \times 10^{-1} + 8 \times 10^{-2}$

所以二进制带小数时计算方法相同，如 $(11.11)_2 = 1 \times 2^1 + 1 \times 2^0 + 1 \times 2^{-1} + 1 \times 2^{-2} = 3.75$

(2) 将十进制数换算为二进制时，整数和小数部分分开计算。整数部分除以 2 取余，小数部分乘以 2 取整。

如将十进制数 72.3125 换算为二进制时，应先将十进制数分割成整数部分 72 和小数部分 0.3125。其整数部分 72 换算过程如附图 1 所示。

```
2 | 72
2 | 36    …    0
2 | 18    …    0
2 | 9     …    0
2 | 4     …    1
2 | 2     …    0
2 | 1     …    0
  | 0     …    1
```

附图 1 整数部分十进制转换为二进制的换算过程

可得 $(72)_{10} = (1001000)_2$，注意高位在下(最先算出来的余数是最低位)。小数部分 0.3125换算过程如附图 2 所示。

```
      0.3125
    ×     2
      0.625    …    0
    ×     2
      0.25     …    1
    ×     2
      0.5      …    0
    ×     2
      0        …    1
```

附图 2 小数部分十进制转换为二进制的换算过程

可得 $(0.3125)_{10} = (0.0101)_2$，先算出来的在前。将整数和小数部分合起来得 $(72.3125)_{10} = (1001000.0101)_2$。十进制小数换算为二进制小数时有可能会出现计算循环，这时在计算机里就会产生精度差异。

八进制与十进制互换，十六进制与十进制互换都可以用类似的方法。

(3) 二进制与八进制进行互换时，采用 $2^3 = 8$ 这个特点，有$(111)_2 =(7)_8$，两边同时加 1 为$(1000)_2 =(10)_8$，即三位二进制对应一位八进制数。

例如，二进制$(10110010)_2=(10,110,010)_2=(2,6,2)_8=(262)_8$，换算为八进制是 262。

例如，八进制$(256)_8=(2,5,6)_8=(10,101,110)_2=(10101110)_2$，换算为二进制是 10101110。

(4) 二进制与十六进制进行互换时，利用 $2^4=16$ 这一特点，四位二进制对应一位十六进制；与二、八进制互换类似，要注意的是计算 1010 为 A，1011 为 B，1100 为 C，1101 为 D，1110 为 E，1111 为 F。

附录 F　整数的补码

在计算机内有符号的整数都存放的是该整数的补码。因为是补码，所以在计算机内没有减法运算，只有加法和补码运算。

非负整数的补码就是将该整数换算为二进制表示，如15的补码为0000000000001111(由于在计算机内整数有宽度，这里设该类型为 2 个字节的整数)。

负整数的补码，需要先获得该整数绝对值(负整数的相反数)的补码，再对该码取反加 1。如-15，先计算 15 的补码为 0000000000001111，取反为 1111111111110000，加 1 后为 1111111111110001。

若已知补码，则该整数实际是多少呢？先看最高位，为 0 表示正，直接将该二进制换算为需要的数据即可；为 1 表示负，这时想要得到数值对该补码取反加 1 即可。

如 0000000011111111 直接进行二、十进制到十进制的换算，为 255。而 1111111110000000 最高位为 1 表示负数，数值为该补码的反码 0000000011111111 再加 1，为 0000000100000000，换算成十进制是 256，所以 1111111100000000 表示-256。

以下是 9-5 和 5-9 运算示例。

9 的补码是 0000000000001001，减法变换为加负数所以原式变为 9+(-5)，-5 的补码为 1111111111111011，两值相加，如附图 3 所示。

$$
\begin{array}{r}
0000000000001001 \\
+\ 1111111111111011 \\
\hline
10000000000000100
\end{array}
$$

附图 3　9+(-5)运算

最高位溢出不计算，则结果为 0000000000000100，是十进制的 4。

5-9 变换为 5+(-9)，5 的补码为 0000000000000101，-9 的补码为 1111111111110111，两值相加，如附图 4 所示。

$$
\begin{array}{r}
0000000000000101 \\
+\ 1111111111110111 \\
\hline
1111111111111100
\end{array}
$$

附图 4　5+(-9)运算

该补码最高位是 1，表示负数，换算后是-4。

附录 G 文 件 路 径

文件路径标识着文件存放的位置，是由盘符(逻辑磁盘名称)、文件夹(目录)和文件名称组成。文件路径可以使用绝对路径和相对路径。

绝对路径是指文件精确的存放位置，例如：

     c:\windows\system32\calc.exe

在命令提示符窗口中，先键入 path;，以清除所有工作路径，如附图 5 所示。

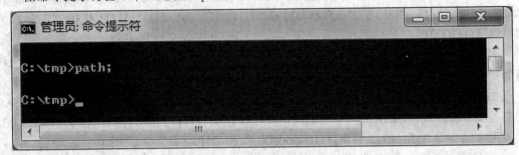

附图 5　清除命令提示符的工作路径

无论当前工作目录在何处(图示当前工作目录是 c 盘 tmp 文件夹下)，都可以键入：c:\windows\system32\calc.exe 启动计算器程序。如果路径不全，若键入：calc.exe，则会提示命令找不到，如附图 6 所示。

附图 6　路径不全或路径错误的命令提示错误

相对路径是指从当前工作目录出发，查找目标文件的路径描述。对于同目录可以直接使用。若当前工作目录是 c 盘 windows\system32 下，则如附图 7 所示。

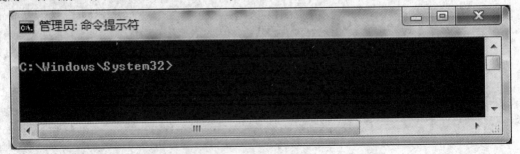

附图 7　修改命令提示符的当前工作目录

此时，键入 calc.exe 可以运行计算器程序(不需要在前面写路径)。

当工作目录不同时，相对路径也会发生变化，如附表 8 所示。

附表 8　不同目录下的相对路径

当前工作目录	键入命令运行计算器(相对路径)
c:\windows	system32\calc.exe
c:\	windows\system32\calc.exe
c:\windows\system	..\system32\calc.exe
c:\tmp	..\windows\system32\calc.exe
c:\windows\system32\config	..\calc.exe
c:\windows\media\delta	..\..\system32\calc.exe

参 考 文 献

[1] 谭浩强. C 程序设计[M]. 3 版. 北京：清华大学出版社，2005.

[2] 谭浩强. C 程序设计题解与上机指导[M]. 3 版. 北京：清华大学出版社，2005.

[3] 苏小红，王宇颖，孙志岗. C 语言程序设计[M]. 北京：高等教育出版社，2011.

[4] 鲍有文，周海燕，崔武子，等. C 程序设计试题汇编[M]. 2 版. 清华大学出版社，2006.

[5] 李东明，郭永锋. C 语言程序设计[M]. 北京：北京邮电大学出版社，2009.

[6] 曹衍龙，林瑞仲，徐慧. C 语言实例解析精粹[M]. 北京：人民邮电出版社，2005.

[7] 郝玉洁，袁平，常征，等. C 语言程序设计[M]. 北京：机械工业出版社，2000.8.

[8] 郑莉，董渊，何江舟. C++语言程序设计[M]. 3 版. 北京：清华大学出版社，2010.

[9] 严蔚敏，吴伟民. 数据结构：C 语言版[M]. 北京：清华大学出版社，2007.

[10] 张基温，张伟. C++程序开发例题与习题[M]. 北京：清华大学出版社，2003.

[11] SCHILDT H. C 语言大全[M]. 郭兴社，戴建鹏，等译. 北京：电子工业出版社，1990.

[12] 李京山，宋建云，郭爱民，等. C++语言基础与编程技术[M]. 北京：宇航出版社，1994.